LEÇONS

DE

ZOOLOGIE MÉDICALE

PROGRAMME AIDE-MÉMOIRE

PAR

le Dr Paul GIROD

Professeur à l'École de Médecine et de Pharmacie de Clermont
Professeur adjoint à la Faculté des Sciences
Lauréat de l'Institut

AVEC VINGT PLANCHES HORS TEXTE

PARIS

LIBRAIRIE J.-B. BAILLIÈRE et FILS

19, RUE HAUTEFEUILLE, 19

1892

LEÇONS

DE

ZOOLOGIE MÉDICALE

PROGRAMME AIDE-MÉMOIRE

DU COURS

Du Dr Paul GIROD

Professeur à l'École de Médecine et de Pharmacie de Clermont
Professeur adjoint à la Faculté des Sciences
Lauréat de l'Institut

AVEC VINGT PLANCHES HORS TEXTE

CLERMONT-FERRAND

IMPRIMERIE ET LITOGRAPHIE G. MONT-LOUIS

RUE BARBANÇON, 3

1892

Librairie J.-B. BAILLIÈRE et fils

DU MÊME AUTEUR

Manipulations de Zoologie. Guide pour les travaux pratiques de dissection. Animaux invertébrés. Paris, 1889, 1 vol. grand in-8°, avec 25 pl. noires et col., cart.   10 fr. »

Manipulations de Zoologie. Guide pour les travaux pratiques de dissection. Animaux vertébrés. 1 vol. gr. in-8°, avec 30 pl. cart. (sous presse).

Manipulations de Botanique. Guide pour les travaux d'histologie végétale. 1 vol. gr. in-8°, avec 20 planches, cart...   7 fr. »

Les Poissons, d'après Aristote. Paris, 1880, 1 vol. gr. in-8°.

Recherches sur l'organisation des mollusques céphalopodes : I, sur la poche du noir; II, sur la peau ; III, sur la ventouse (Archives de zoologie expérimentale). Paris, 1882, 1883, 1884; 1 vol. gr. in-8°, avec 7 planches en couleurs.

Les Stations de l'Age du Renne dans les vallées de la Vézère et de la Corrèze. Documents publiés par le docteur PAUL GIROD et ÉLIE MASSÉNAT. Paris, 1888, 1 vol. in-4°, avec 100 planches hors texte, en couleurs.

L'ouvrage doit former 10 fascicules de 10 planches chacun. Les fascicules I à IV sont parus. Prix de chaque fascicule.......................................   5 fr. »

Travaux du laboratoire de zoologie du docteur Paul Girod (Faculté des sciences de Clermont). P. Girod : les éponges des eaux douces d'Auvergne. — J. Richard : copépodes et cladocères du Plateau Central. — J.-B. Eusebio : la faune pélagique des lacs d'Auvergne. — P. Girod : Recherches sur la chlorophylle des animaux. — J. Richard : Recherches physiologiques sur les gastéropodes pulmonés. 1887-1888, 1 vol. gr. in-8°, avec 2 planches gravées..   7 fr. »

Les Vipères, traitement de leurs morsures. Paris, 1889, in-8°, 16 pages, 1 pl.   1 fr. »

Les Sociétés chez les animaux (Bibliothèque scientifique contemporaine). 1 vol. in-16° de 350 pages, avec 53 figures. Paris, 1891...........................   3 fr. 50

PRÉFACE

Les pages qui suivent sont un résumé du cours que je professe à l'École de médecine et de pharmacie de Clermont-Ferrand. Mes élèves m'ont demandé l'autorisation de publier les notes recueillies à ce cours et d'y joindre une reproduction des tableaux à grande échelle que j'ai fait dresser pour mon enseignement; j'ai accédé à leur désir pensant que ces notes, ainsi comprises et condensées en un programme raisonné, accompagnées de planches bien choisies, pouvaient être utiles à ceux qui préparent leurs examens de médecine et de pharmacie.

Nos étudiants ont un temps très court à consacrer à la connaissance de ces matières, aussi les volumineuses publications qu'ils ont à consulter présentent, par leur étendue, un obstacle à une révision rapide, même pour ceux qui sont de bons travailleurs. L'accueil fait, dans nos laboratoires, à mes « *Cours de travaux pratiques* » me fait croire qu'une rédaction brève et substantielle, mettant en évidence les faits saillants de l'histoire naturelle, répond à un besoin que mes élèves manifestent hautement. C'est dans cet esprit que j'ai délimité le plan du livre et corrigé les notes qui m'étaient remises.

Je prie mes collègues de considérer ce livre comme un simple *memento* pouvant, au moment des examens, être utile aux étudiants travailleurs et je compte que les élèves me sauront gré d'avoir réduit au minimum le nombre de ces pages rédigées par eux et pour eux.

Dr PAUL GIROD.

Clermont-Ferrand, 1er octobre 1891.

PREMIÈRE LEÇON

La Cellule et les Animaux unicellulaires.
Les Protozoaires.

Une cellule animale complète se compose : d'un liquide albumineux, le *sarcode* ou *protoplasme*, d'un *noyau* inclus et d'une *membrane* limite. Le protoplasme est la partie fondamentale et active de la cellule :

Il naît d'un protoplasme antérieur, il grandit, maintient sa taille pendant une phase adulte; si les conditions sont favorables, il se divise en masses protoplasmiques qui deviennent des cellules nouvelles; dans l'autre cas, il dépérit, se désagrège, disparaît. Cet ensemble de phénomènes : naissance, jeunesse, phase adulte, vieillesse et mort, marquent les étapes successives de sa vie. En se multipliant, le protoplasme assure sa persistance par ses descendants. Cette évolution caractérise la matière vivante, elle est déterminée par les propriétés vitales, inhérentes au protoplasme vivant.

Ces propriétés sont les suivantes :

1. *Propriétés de nutrition :*

a. Il emprunte au dehors les substances qu'il digère, qu'il assimile, dont il rejette les détritus : *Digestion, absorption, assimilation, désassimilation.*

b. Il puise dans le milieu ambiant l'oxygène et rend l'acide carbonique : *Respiration.*

2. *Propriétés de relation :*

a. Il se meut : *Mouvement.* — *b*. Il se dirige dans une direction donnée, en rapport avec les impressions périphériques : *Sensibilité.*

3. *Propriétés de reproduction :*

Il se divise et ainsi il se multiplie, chaque partie de sa masse devenant un individu indépendant.

Chimiquement, le protoplasme est un albuminoïde, voisin du blanc d'œuf, ayant toutes les réactions des composés organiques où entrent C, H, O, Az.

Le protoplasme est nécessaire à la cellule, les autres parties sont accessoires.

Une cellule sans membrane est une *plastide.*

Une cellule sans membrane et sans noyau est un *cytode.*

Les animaux les plus simples sont constitués par une seule cellule. Ce sont les êtres unicellulaires appelés PROTOZOAIRES. A peu près ignorés de Cuvier, ils ont pris une place de plus en plus importante à mesure que le microscope s'est perfectionné pour les découvrir et, à l'heure actuelle, leur nombre est si grand que le groupe des PROTOZOAIRES forme un véritable *sous-règne* dans le règne animal, s'opposant au *sous-règne* des MÉTAZOAIRES qui comprend les animaux dont le corps est formé de cellules nombreuses.

On observe parmi les PROTOZAIRES une série graduée de différenciations qui mènent de la forme cellulaire la plus simple aux types complexes les plus élevés. On peut les grouper de la façon suivante :

1. Cellules sans membranes ni noyaux, *cytodes :*
I. CLASSE DES MONÈRES.

2. Cellules sans membranes, avec noyaux, *plastides :*
II. CLASSE DES AMIBES.

3. Cellules adultes limitées par une membrane continue :
III. CLASSE DES SPOROZOAIRES.

4. Cellules limitées par une membrane traversée par des fouets ou des cils vibratiles :
IV. CLASSE DES INFUSOIRES.

I. Classe des Monères.

Les MONÈRES ne doivent fixer l'attention que comme représentant les êtres les plus simples observés. Ce sont de petites gouttelettes de protoplasme rampant sur les plantes submergées, n'ayant ni membrane, ni noyau et se multipliant par division transversale.

Pl. I, fig. 1 : Aspect d'une Monère.

II. Classe des Amibes.

Les AMIBES, munies d'un noyau, se comportent comme les Monères.

Les unes restent nues et forment l'ordre des *Gymnoamibes* auquel se rapportent les *Amœba coli*, *A. intestinalis*, *A. vaginalis*, *A. buccalis* rencontrées dans des sécrétions humaines pathologiques.

D'autres se protègent par un squelette de spicules et forment deux ordres distincts :

Les *Radiolaires* ont le protoplasma traversé par des rayons *siliceux* divergents ou soutenu par des sphères emboîtées, ils ont ainsi l'aspect de petits soleils.

Les *Foraminifères* se protègent par une cuirasse *calcaire* percée de trous minuscules pour mettre le protoplasme en rapport avec le milieu extérieur.

Les aiguilles des Radiolaires et les carapaces des Foraminifères (nummulites) ont formé d'épaisses couches géologiques.

Pl. I, fig. 2. *Amœba coli.*
fig. 3. Foraminifère ; carapace calcaire, cc.
fig. 4. Radiolaire ; spicules siliceux, sp.

III. Classe des Sporozoaires.

Le Sporozoaire le plus fréquent chez l'homme est le *Coccidium oviforme* qui se développe ordinairement dans le foie du lapin.

Cette *Coccidie* vit dans les cellules épithéliales des conduits biliaires. C'est d'abord une petite masse protoplasmique arrondie qu'on aperçoit dans le protoplasma cellulaire à côté du noyau de la cellule. Peu à peu la Coccidie s'accroît, remplit la cellule épithéliale, l'anéantit et devient adulte. A ce moment, elle contient un noyau arrondi et elle est enveloppée par une membrane ou *kyste.*

Dans le foie, la Coccidie se présente avec cet aspect et ne se modifie plus; mais si on la place dans un autre milieu, dans l'eau par exemple, elle se multiplie. A cet effet, le protoplasma de la cellule s'arrondit, puis se divise en deux moitiés et chaque moitié se divise en deux à son tour. Ainsi le kyste contient *quatre* corps, d'abord sphériques, puis effilés en navettes, limités par une membrane mince, ce sont les *spores* (sporozoaires).

Chaque spore, à son tour, divise son contenu en deux bâtonnets protoplasmiques repliés en faucille; les *corpuscules falciformes* (sporozoïtes).

Que les kystes sporifères arrivent alors par la bouche dans le tube digestif, aussitôt la paroi disparaît, les spores s'ouvrent et les corpuscules falciformes, qui n'ont pas de membrane d'enveloppe, se mettent à ramper comme des amibes. C'est par ce mode de reptation qu'ils remontent le canal cholédoque et atteignent les cellules épithéliales où ils se fixent, se contractant en petit glomérule qui nous a servi de point de départ.

C'est donc par l'introduction dans le tube digestif d'eau contenant des kystes ou de plantes vertes contaminées de la même façon, que la maladie peut être communiquée à l'homme. Il est bon de se rappeler que les kystes mûrs sont rejetés, avec les fèces, par le lapin.

Les cas de coccidies du lapin chez l'homme sont peu nombreux (Gübler, Virchow); on a signalé aussi *Coccidium Rivolta* de l'intestin du chat. *Coccidium perforans* serait particulier à l'intestin de l'homme.

La série des phases du développement de Coccidium oviforme se retrouve, peu modifiée, dans tous les Sporozoaires. Le Coccidium est le type des COCCIDIES.

Pl. I, fig. 5 : *Coccidium oviforme* (Balbiani).
A. Coccidie c, dans une cellule épithéliale.
B. Coccidie libre, enveloppée dans sa membrane m.
C. Le protoplasme d, se contracte autour du noyau.
D. Division du protoplasme en deux sphères d', d'.
E-F. Chaque sphère donne deux spores sp.
G. Le contenu de chaque spore se divise en deux corpuscules.
H. Spores plus grossies montrant les corpuscules cf, cf.
I. Corpuscule falciforme sorti de la spore.

Les SARCOSPORIDIES se distinguent des COCCIDIES par le développement qui se fait sur le même hôte et par la grandeur considérable des kystes. C'est dans les muscles que se rencontrent ces formes.

Si l'on examine le muscle d'un animal malade, on trouve de longs sacs ou *tubes de Miescher* remplis de spores. Ces spores arrondies sont elles-mêmes remplies par des *corpuscules réniformes* très nombreux. Ces corpuscules mis en liberté par rupture du kyste glissent, comme des amibes, entre les fibres musculaires ; chacun d'eux s'arrondit, se revêt d'une cuticule, divise son protoplasma et devient ainsi l'origine d'un des tubes précédents.

Le *Sarcocystis Miescheri* du porc est très fréquent dans la viande de cet animal. C'est au genre *Miescheria* que se rapportent les observations de Lindemann sur des sarcosporidies du cœur de l'homme.

Fig. 6. *Sarcocystis Miescheri* (Manz). — Kyste du diaphragme du porc, rempli de spores sp. Chaque spore est distendue par les corpuscules.

Les MYXOSPORIDIES sont spéciales au tissu conjonctif des poissons ; elles sont caractérisées par leurs spores dont le kyste, à deux valves élastiques, s'ouvre à l'aide d'un appareil spiralé spécial. Chaque spore donne un seul *corpuscule arrondi* qui devient *amiboïde* et se fixe pour devenir adulte.

Fig. 7. Spore d'une *Myxosporidie* de la tanche ; v, v, ses valves élastiques ; l, l, capsules spiralées ; c. corpuscule unique.

Les MICROSPORIDIES s'attaquent aux divers tissus des Arthropodes. C'est au *Microsporidium Bombycis* qu'est due la *pébrine*, maladie des vers à soie. La cellule adulte se divise en un grand nombre de spores, chacune d'elles donne un corpuscule amiboïde.

Fig. 8, A-G. *Microsporidium Bombycis*, développement des spores sp, émission du corpuscule amœboïde cf.

Les GRÉGARINES sont les *Sporozoaires supérieurs*. Au lieu de vivre enfoncés dans les tissus, elles se multiplient, comme les vers intestinaux, dans le tube digestif de beaucoup d'Invertébrés. La *grégarine jeune*, comme une coccidie, est intra-cellulaire, mais elle donne un bourgeon extérieur qui peu à peu grandit et finit par constituer la grégarine adulte. Lorsque ce bourgeon a atteint un développement donné, il entraîne la coccidie initiale, se détache et se meut librement dans la cavité digestive. La grégarine ainsi constituée présente une portion initiale coccidienne, et la partie bourgeonnée qui présidera à la formation des spores. Par sa mobilité, elle leur assure les meilleures conditions pour leur développement ultérieur. Les spores se forment comme dans les coccidies et les *corpuscules falciformes* se comportent comme dans ce groupe.

Fig. 9. Schéma du développement d'une Grégarine (Schneider).
A. Corpuscule fixé dans une cellule, phase coccidienne : coccidie c, noyau n.
B. Bourgeonnement de la grégarine g, sur la coccidie initiale c, migration du noyau.
C. Grégarine libre g, coiffée par les restes de la coccidie initiale, c.

IV. Classe des Infusoires.

Les INFUSOIRES se distinguent des précédents par leur vie aquatique libre et par les organes locomoteurs qui percent la cuticule et assurent par leurs mouvements la progression de l'animal.

Tantôt l'impulsion motrice est due à l'action de grands fouets ou *flagellums* qui, par leurs battements, poussent en avant le corps protoplasmique.

Tantôt ce sont des *cils vibratiles* ténus qui battent l'eau et déterminent la progression de l'ensemble.

De là deux sous-classes :
1. Les *Flagellates*, munis de flagellums ;
2. Les *Ciliés*, munis de cils vibratiles.

1. Les FLAGELLATES sont constitués par un corps pyriforme qui porte dans sa partie élargie un nombre variable de flagellums ; c'est sur ce nombre que sont établis les caractères distinctifs des espèces intéressantes pour le médecin que nous réunissons dans le tableau suivant : Pl. I. (Davaine, Grassi, Künstler, Zunker.)

Corps continu.
Un flagellum : *Cercomonas hominis*, fig. 10 ;
Deux flagellums : *Cystomonas urinaria*, fig. 11 ;
Trois flagellums : *Monocercomonas hominis*, fig. 12 ;
Quatre flagellums : *Trichomonas vaginalis*, fig. 13 ;
Flagelles nombreux : *Trichomonas intestinalis*, fig. 14.

Corps échancré en ventouse céphalique : *Megastoma intestinale*, fig. 15.

Les *Cercomonas, Monocercomonas, Trichomonas intestinalis, Megastoma* ont été rencontrées dans des selles de diarrhéiques d'origines diverses. Le *Cercomonas* a été longtemps considéré comme caractéristique du choléra asiatique. *Cystomonas* a été décrit dans des urines purulentes. *Trichomonas vaginalis* est le plus répandu ; il abonde dans les écoulements vaginaux acides.

Les Flagellates se multiplient par division transversale ou longitudinale.

2. Les Ciliés se font remarquer par la différenciation du protoplasma. Sous la cuticule on trouve une couche dense, *exoplasma*,
qui contient une *vacuole contractile* et enveloppe l'*endoplasma*
plus clair. La cuticule est ordinairement traversée par un *infundibulum* qui s'ouvre dans l'endoplasma, jouant le rôle de bouche.
Les cils sont répartis également sur toute la cuticule ou localisés
sur un point donné du corps ; ils peuvent être d'une seule sorte
ou se présenter sous des aspects divers. On tire de ces caractères
la classification des Ciliés que nous résumons dans le tableau
suivant :

Cils sur tout le corps, d'une seule sorte : *Holotriches*.
Cils sur tout le corps, de deux sortes : *Hétérotriches*.
Une couronne de cils autour de l'infundibulum : *Peritriches*.
Cils occupant la région ventrale : *Hypotriches*.
Cils remplacés par des suçoirs, animaux parasites : *Tentacu-
lifères*.

Les Ciliés se multiplient par division transversale et longitudinale. Les divisions successives épuisent peu à peu le protoplasme,
aussi les individus provenant de ces divisions perdent peu à peu
leur taille et finissent par ne plus pouvoir se diviser davantage.
Alors intervient un phénomène spécial aux Ciliés, qu'on nomme
Copulation et qui préside au rajeunissement du protoplasme.

Un infusoire adulte présente deux noyaux dans son exoplasma ;
le *noyau* proprement dit et un *noyau de remplacement* (nucléole)
plus petit. Dans la multiplication par division, c'est le premier
qui joue le rôle prépondérant ; dans la copulation, c'est le second
qui est appelé à se modifier profondément.

Dans la copulation, deux infusoires, provenant des divisions
dernières, se rapprochent, s'accolent face à face et mettent largement leurs protoplasmas en rapport. Dès lors, le vieux noyau de
chacun d'eux disparaît et le noyau de rajeunissement prend sa
place, grossissant et devenant un centre excitateur qui, après la
séparation des infusoires copulés, détermine dans chacun d'eux
un accroissement de taille et un retour à la forme primitive.
Les descendants de ces êtres rajeunis, produits par division de
leurs protoplasmes, iront décroissants de taille, jusqu'au moment
où une copulation nouvelle rétablira l'équilibre de la même façon.

Le seul infusoire cilié intéressant pour la médecine appartient
aux Hétérotriches. C'est le *Balantidium Coli* de l'intestin du
porc signalé dans les selles diarrhéiques de quelques malades.

Pl. I, fig. 16. Schéma d'un infusoire hétérotriche, du type du *Balantidium*, à
la surface les cils courts c, les grands cils s, formant couronne autour de
l'infundibulum inf.
L'exoplasma exp, contient le noyau n, le noyau de remplacement nr, et la vacuole contractile vc ; l'endoplasma end, communique avec l'infundibulum.

DEUXIÈME LEÇON

Les Animaux pluricellulaires.
Les Métazoaires.

1. *Caractères généraux.*

Au sous-règne des PROTOZOAIRES, êtres unicellulaires, s'oppose le sous-règne des MÉTAZOAIRES, êtres pluri-cellulaires.

Dans l'organisme du Métazoaire entrent donc de nombreuses cellules et la division du travail tend à localiser sur certains groupes d'entre elles les fonctions dévolues, chez le Protozoaire, à la cellule unique. Cette transformation des éléments dans un but donné aboutit à la constitution de *tissus distincts* formés par la réunion des cellules différenciées et la combinaison de ces tissus produit des *organes* dont chacun préside à une *fonction* spéciale.

L'organisme métazoaire évolue dans son ensemble comme une simple cellule; il croît, passe par une phase adulte, vieillit et meurt.

Comme la cellule aussi, il possède des fonctions de nutrition, de relation, de reproduction; mais ici ce sont des organes formés de cellules différenciées qui servent de centre à ces manifestations fonctionnelles diverses.

Les organes de la digestion assurent l'absorption des substances alimentaires. A cet effet, des cellules différenciées sécrètent des sucs digestifs, d'autres absorbent les substances rendues solubles par les ferments de ces sucs.

Les organes de la respiration permettent, à travers de fines membranes cellulaires, les échanges gazeux — pénétration d'oxygène, émission d'acide carbonique — nécessaires à la vie des tissus.

Pour répartir les aliments absorbés et l'oxygène, un système de canaux s'établit ou circule un liquide — sang ou lymphe — qui se répand dans tout l'organisme.

Les fonctions de relation sont assurées par les muscles qui président au mouvement et par le système nerveux qui dirige les mouvements de l'ensemble, recevant de dehors les impressions périphériques.

Enfin des cellules spéciales — œuf et spermatozoïde — s'unissent pour donner par la segmentation l'embryon destiné à devenir l'être adulte et président à la reproduction.

· Le Métazoaire possède donc localisées dans les groupes de cellules qui constituent son organisme toutes les propriétés vitales de la cellule unique.

2. Œuf, fécondation, développement.

Chez le Métazoaire, la reproduction sexuelle s'affirme et la segmentation de l'œuf fournit un caractère de la plus haute importance.

On peut schématiser ainsi les phases successives du développement :

L'œuf est une cellule complète et est formé comme elle par un protoplasma, le *vitellus;* par une membrane, la *membrane vitelline;* par un noyau, la *vésicule germinative* contenant un nucléole ou *tache germinative.*

Dans un œuf jeune ainsi constitué, le noyau se divise et l'une des parties provenant de cette division s'échappe de la cellule entraînant autour d'elle une portion de protoplasma; on appelle *globule polaire* cette portion ainsi émise. La portion de noyau qui reste peut se comporter de même et, cette division se répétant, l'œuf émet des *globules polaires successifs :* il semble que par cette émission l'œuf élimine la *partie mâle* de son protoplasma qui sera complétée plus tard. Ce qui reste de la vésicule après l'émission de ces globules constitue le *pronucleus femelle.*

Pour se développer l'œuf doit être fécondé; à cet effet une cellule munie d'un long fouet ou queue, le *spermatozoïde,* atteint l'œuf et s'enfonce dans son protoplasme en traversant la membrane vitelline. Cette gouttelette mâle s'arrondit, se condense dans le protoplasma de l'œuf et y forme le *pronucleus mâle.*

L'union du pronucleus mâle et du pronucleus femelle donne un noyau unique, le *noyau de segmentation* et les effets de la fécondation se manifestent.

Le noyau de segmentation se divise en deux, chaque moitié se divise à son tour et à chaque division du noyau succède la division du protoplasma. La segmentation se poursuit ainsi sur chaque masse précédemment formée et ainsi le protoplasma de l'œuf fécondé donne naissance à un groupe de sphères ou blastomères, véritables cellules, dont le groupement rappelle l'aspect d'une mûre : amas mûriforme ou *morula.*

Bientôt un liquide s'amasse au centre de la morula, projetant à la surface les blastomères qui se disposent en une couche unique formant un ballon creux rempli de liquide. La sphère ainsi constituée est la *blastula,* sa cavité centrale, la *cavité de segmentation,* la couche de blastomères, le *blastoderme.*

Si l'on enfonce le poing dans un ballon de caoutchouc peu tendu, on fait disparaître la cavité du ballon et le poing se trouve coiffé par une calotte à double paroi, la moitié du ballon étant entrée dans l'autre. Ce que l'on peut produire ainsi artificiellement s'observe dans le développement ultérieur de la blastula et une invagination de la moitié du blastoderme dans l'autre donne une calotte formée de deux couches qui se replient pour limiter une cavité en rapport avec l'extérieur. Cette forme nouvelle est la *gastrula*; la cavité de segmentation est écrasée entre les deux couches de cellules dont l'externe forme un tégument extérieur, tandis que l'interne tapisse la cavité de l'intestin primitif, *progaster*, s'ouvrant au dehors par la bouche primitive ou *prostome*.

Entre les deux couches qu'on nomme *Ectoderme* et *Endoderme*, se constitue une couche intermédiaire, le *Mésoderme*, et les premières transformations apparaissent qui font passer la gastrula à l'état d'embryon, ébauche première de l'être adulte.

Dans beaucoup de cas, le développement se poursuit par la formation d'un cul-de-sac circulaire qui se forme sur la paroi du progaster et qui s'enfonce dans le mésoderme. Ainsi se constitue une cavité qu'un pincement finit par séparer du progaster et qui constitue la *cavité générale* ou *cœlôme*. Cette cavité est limitée en dehors par l'ectoderme doublée du feuillet externe du mésoderme formant la *Somatopleure;* elle est limitée en dedans par le feuillet interne du mésoderme et l'endoderme, formant la *Splanchnopleure*.

Ectoderme..................	} Somatopleure.
Feuillet ext. du mésoderme....	
....	Cavité générale ou Cœlôme.
Feuillet int. du mésoderme....	} Splanchnopleure.
Endoderme.................	

L'œuf typique dont nous venons de suivre le développement donne un embryon qui abandonne de bonne heure la membrane vitelline pour mener une vie indépendante sous la forme de gastrula; un tel œuf n'a pas besoin de réserves nutritives. Il n'en est pas de même des œufs où l'embryon ne devient indépendant qu'après avoir franchi les phases successives de son développement; dans ce cas l'œuf est gorgé de *lécithine*, substance albuminoïde qui fournit l'aliment. Si l'œuf typique peut être dit *alécithe*, les autres œufs sont plus ou moins *lécithiques*.

Dans un œuf lécithique le vitellus s'imprègne plus ou moins de substances nutritives destinées à la nutrition de l'embryon et lorsque ces substances deviennent prédominantes, elles s'accumulent sur un point donné du vitellus qui devient le *vitellus nutritif*. Ce vitellus est une réserve qui sera utilisée par la portion de vitellus resté actif qui constitue le *vitellus formatif*, d'où proviendra l'embryon.

De cette façon, le vitellus formatif constitue une *cicatricule* qui se détache par sa transparence sur le fond opaque du vitellus nutritif chargé de matières grasses, et la membrane vitelline enveloppe ces deux parties du vitellus initial ainsi différenciées.

Dans certains cas, l'œuf peut présenter une structure plus complexe par l'adjonction de couches périphériques enveloppant la membrane vitelline. On peut réunir sous le nom de *chorions* ces formations extérieures qui sont tantôt des couches épaisses albumineuses, souvent des membranes élastiques, ailleurs des coquilles par incrustation calcaire. Dès lors l'œuf se montre constitué par la portion limitée par la membrane vitelline, qu'on peut dénommer *ovule*, et par les *chorions* périphériques. L'œuf de poule est le type le plus parfait de ce genre d'œufs. Ici, en effet, l'*ovule* comprend un vaste jaune *(vitellus nutritif)* et une cicatricule discoïde *(vitellus formatif)* réunis sous une même *membrane vitelline ;* en dehors, un épais *chorion albumineux* ou blanc de l'œuf ; puis une *membrane coquillière* se dédoublant pour former la *chambre à air* et, enveloppant le tout, la *coquille* résistante de calcaire.

L'imprégnation des cellules par la lécithine modifie profondément la marche de la segmentation. De ce fait, la segmentation *totale et régulière* dans les œufs alécithes, devient *irrégulière* et même *partielle* dans les œufs lécithiques.

Elle est *totale* mais *irrégulière* quand le vitellus nutritif se divise en grosses sphères qui recouvrent par *épibolie* les petites sphères du vitellus formatif.

Elle est *partielle* quand seul le vitellus formatif se segmente, laissant le vitellus nutritif en une seule masse qui ne prend aucune part à la constitution de l'embryon et lui sert de réservoir vitellin.

De même, ces modifications particulières imposent des modes divers pour la formation de la Gastrula.

Dans le cas décrit, elle s'est formée par *invagination* ou *embolie*, la moitié de la blastula s'étant invaginée dans l'autre moitié immobile.

Ailleurs, la blastula, formée d'une couche unique de cellules, divise cette couche en deux couches superposées, par *délamination* et donne une *planula* qui devient *gastrula* par l'apparition d'un prostome.

Ailleurs, dans beaucoup d'alécithes, un groupe de cellules formatives prolifère et forme une couche périphérique qui recouvre les cellules nutritives profondes; c'est une gastrula par *épibolie*.

A partir de l'apparition du mésoderme et de la formation de la somatopleure et de la splanchnopleure, l'embryon évolue de façons fort diverses, suivant les types animaux considérés ; nous insisterons sur ces particularités en faisant l'histoire de chacun d'eux.

Pl. II, Fécondation et développement schématique de l'œuf des Métazoaires.
1. Œuf ovarien avant la fécondation, vitellus v, membrane vitelline mv, vésicule germinative vg, tache germinative tg.
2. Émission du premier globule polaire gp, comprenant une portion de la vésicule germinative comme noyau et une portion du protoplasme vitellin.
3. Œuf après l'émission des globules ; la vésicule germinative diminuée des noyaux des globules devient le *pronucleus femelle* pf.
4. Pénétration du spermatozoïde sp, dans l'œuf.

5. Le spermatozoïde se contracte dans le vitellus et devient le *pronucleus mâle* pm.
6. Fusion du pronucleus mâle et du pronucleus femelle.
7. Le résultat de cette fusion complète est la constitution du *noyau de segtation* ns.
8. Ce noyau se divise ns¹, ns¹ et le vitellus se divise à son tour v¹, v¹.
9. La division successive constitue la sphère mûriforme ou *morula*.
10. Les cellules de la morula se distendent en ballon creux, *Blastula*; le blastoderme bl, la cavité de segmentation cs.
11. Formation de la *gastrula* par invagination : ectoderme ect, endoderme end, progaster prg, prostome, prs.
12. Formation de la cavité générale cg, qui s'enfonce dans le mésoderme msd; ce dernier est ainsi coupé en deux feuillets : l'externe forme avec l'ectoderme ect, la somatopleure smp; l'interne avec l'endoderme end, la splanchnopleure spl.
13. Planula à deux feuillets formée *par délamination* d'une *blastula* initiale.
14. Formation du prostome prs; la planula devient *gastrula*.
15. Œuf lécithique montrant sous la membrane vitelline mv, un vitellus nutritif vn, indépendant du vitellus formatif ou cicatricule vf.
16. Segmentation totale et *irrégulière* d'un œuf lécithique; les petites cellules du vitellus formatif vf, glisseront à la surface des grosses cellules nutritives vn, et donneront une gastrula *par épibolie.*
17. Segmentation partielle et irrégulière d'un œuf lécithique à vitellus indivis.

3. *Classification des Métazoaires.*

Aristote et Linné ont tenté des classifications des Métazoaires, mais c'est à Cuvier que revient la gloire d'avoir fait le premier un essai vraiment scientifique d'une classification méthodique de ces animaux. Il se base sur les rapports du tube digestif et du système nerveux et sur la symétrie générale de ce dernier, pensant que les organes qui président à la direction générale de l'organisme, devaient fournir les caractères de premier ordre pour la division des animaux. Il donne à ces quatre grandes coupes le nom d'*Embranchements.*

1. Le système nerveux est symétrique, formé de deux moitiés sensiblement identiques :
   a. Il est tout entier en arrière du tube digestif; un axe squelettique sépare ces deux appareils : *Vertébrés;*
   b. Il a pour centre deux ganglions cérébroïdes situés en arrière du tube digestif et un double collier œsophagien autour de ce tube : *Mollusques;*
   c. Il présente même des ganglions cérébroïdes postérieurs, mais un seul collier œsophagien et des ganglions sous-œsophagiens d'où part une chaîne ventrale : *Annelés.*
2. Système nerveux radiaire entourant le tube digestif: *Radiés.*

Depuis Cuvier, les recherches anatomiques sur l'adulte et l'étude du développement des êtres sont venues compléter l'œuvre du Maître et peu à peu s'est édifiée la classification actuelle qui a multiplié le nombre des embranchements en se basant sur les caractères que nous allons indiquer :

Vertébrés....	Un crâne enveloppant un cerveau développé.	1. Craniotes.
	Pas de crâne, pas de cerveau.	2. Acraniens.
Mollusques..	Embryon muni d'un axe squelettique.	3. Tuniciers.
	Embryon sans axe squelettique.	4. Mollusques.
Annelés....	Des membres articulés.	5. Arthropodes.
	Pas de membres articulés.	6. Vers.
Radiés....	Un tube digestif et une cavité générale.	7. Echinodermes.
	Une seule cavité cœlo-entérique.	8. Cœlentérés.

Ce qui porte à huit le nombre des embranchements des Métazoaires.

Pl. III. Types de Cuvier :

Fig. 1. *Vertébré*, coupe longitudinale. Le tube digestif dg, est séparé du système nerveux mn, par la chorde dorsale ch. Le système nerveux n, avec renflement encéphalique en est tout entier en arrière du tube digestif.

Fig. 2. *Mollusque*. A, coupe longitudinale. Le tube digestif dg, traverse *deux colliers œsophagiens* ca et cb. Ces colliers convergent en arrière, s'unissent à deux *ganglions cérébroïdes* ca, postérieurs et divergent en avant. Le premier supporte les *ganglions pédieux* gp, le second les *ganglions viscéraux* gv.

B. L'ensemble vu de face, mêmes lettres.

Fig. 3. A, *Annelé*, coupe longitudinale. Le tube digestif dg, traverse *un seul collier* œsophagien compris entre deux *ganglions cérébroïdes* gc, postérieurs et un groupe de *ganglions sous-œsophagiens* gso. De ceux-ci part une *chaîne ventrale* formée de deux nerfs longitudinaux parallèles, présentant une paire de ganglions ga, ga, dans chaque anneau.

B. Le même ensemble, vu de face.

Fig. 4. *Radié*. Le système nerveux n'est plus bilatéral, mais disposé radialement. Un *cercle péri-œsophagien* cr, se renfle en *ganglions radiaires* gr, péribuccaux.

TROISIÈME LEÇON

Les Animaux Radiés.

I. Les Cœlentérés.

Les plus simples des animaux radiés sont les CŒLENTÉRÉS. Ce nom leur vient de la présence dans leur corps d'une cavité unique, à la fois *cavité générale* ou *cœlôme* et à la fois *intestin* ou *enteron*.

Cette *cavité cœlentérique* est limitée par un sac formant la paroi même du corps et elle communique au dehors par un seul orifice, l'*oscule*, jouant à la fois le rôle de bouche et d'anus.

La paroi du corps est formée par trois couches : l'*ectoderme* constituant l'épiderme de l'animal, l'*endoderme* tapissant la cavité cœlentérique et, entre les deux, le *mésoderme* indivis qui contient les éléments nerveux et les cellules musculaires qui président aux mouvements de l'animal. C'est dans ce mésoderme que se différencient des cellules femelles ou œufs et les spermatozoïdes qui président à la reproduction sexuée.

L'animal, capable de se reproduire sexuellement, peut émettre des bourgeons latéraux et se multiplier ainsi par voie asexuelle. Chaque bourgeon est formé par un cul-de-sac de la cavité cœlentérique qui pousse devant elle la paroi du corps ; lorsque l'intrumescence est assez développée, un pincement circulaire la limite à la base et une oscule fait communiquer l'extrémité cœcale du tube digestif avec l'extérieur. Si le pincement à la base s'accentue, le bourgeon peut se détacher de l'individu mère et mener une vie indépendante ; dans le cas contraire, le bourgeon devenu individu nouveau reste attaché à la mère et l'ensemble de semblables individus forme une *colonie*.

Le cœlentéré si simple que nous venons de décrire peut se différencier plus ou moins profondément et, de ce fait, on distingue des types divers parmi les Cœlentérés.

Les ÉPONGES sont les plus simples parmi les animaux radiés. L'éponge issue d'un œuf est un sac avec un orifice ou *oscule*. L'eau traverse la paroi du corps par de petits canaux très ténus :

canaux inhalants et arrive dans la *cavité cœlentérique;* elle s'échappe par l'*oscule.* Une semblable éponge bourgeonne et chaque bourgeon donne à son tour des bourgeons nouveaux. Ainsi se constituent les éponges volumineuses dont nous nous servons et qui sont des *colonies* formées de nombreux individus accolés. Parmi ceux-ci, les uns périphériques s'ouvrent au dehors par des oscules, mais les plus profonds s'abouchent directement les uns dans les autres, constituant les *corbeilles vibratiles.* Le mésoderme de ces divers bourgeons se fusionne en une masse commune et dans cette masse se différencient des *spicules calcaires ou siliceux* ou des *fibres cornées* qui caractérisent les *Eponges calcaires, siliceuses et cornées :* Calcisponges, Silicisponges, Ceratosponges.

Les éponges employées pour la toilette, les usages domestiques, la médecine appartiennent aux éponges cornées. La *Spongia mollissima* donne les fines éponges de Syrie, réservées à la toilette et aux usages médicaux. La *Spongia equina* qui vient des côtes africaines sert aux grands lavages, c'est l'éponge dite de Marseille.

En médecine, l'éponge calcinée a été vantée contre la scrofule. C'est l'iode contenu dans l'éponge qui lui donne ces propriétés. La torréfaction modérée fixe l'iode comme iodure de calcium qu'il ne faut pas détruire en chauffant au rouge, les cendres devenant inactives.

L'éponge mouillée, comprimée par des tours serrés de ficelle, desséchée à l'étuve, donne l'*éponge à la ficelle.* Des cônes taillés de cette éponge comprimée se dilatent par imprégnation de liquide et peuvent servir à dilater des trajets fistuleux.

L'*éponge à la cire,* l'*éponge à la gomme,* où des tranches d'éponges sont imbibées de cire ou de gomme, donne des résultats moins satisfaisants.

Pl. **IV**, fig. 1. L'Éponge; schéma d'une éponge simple avant le bourgeonnement. La cavité cœlentérique ce, est limitée par une simple paroi sm. Des pores inhalants pi, donnent accès à l'eau qui s'échappe par l'orifice exhalant unique os.

Fig. 2. Portion d'éponge adulte formée par bourgeonnement en colonie. Les individus superficiels a, s'ouvrent au dehors; les autres sont enfermés dans les tissus et constituent les corbeilles c, c. Le tissu qui sépare ces parties est parcouru par les spicules k, k, cornés, calcaires ou siliceux.

Les POLYPES HYDRAIRES se distinguent des Eponges par les tentacules qui environnent l'oscule et qui servent à la préhension des aliments et par l'absence de pores inhalants. L'*Hydre d'eau douce* est le type le plus commun du groupe. C'est un petit sac filiforme couronné par des tentacules déliés. Ces polypes bourgeonnent comme les éponges.

Pl. **IV**, fig. 3. Hydre d'eau douce; mêmes lettres que pour l'éponge ; pas de pores, des tentacules déliés t, t. On remarque à sa base les bourgeons b, b, b, de plus en plus développés.

Les POLYPES CORALLIAIRES sont bien supérieurs aux précédents. La cavité cœlentérique se cloisonne et se divise en logettes divergentes; les cloisons saillantes portent les organes reproducteurs. L'oscule donne donc accès dans une cavité munie de diverticules radiaires.

Dans le Corail on compte huit de ces diverticules cœlentériques et chacun se prolonge dans un tentacule correspondant; il y a donc huit tentacules à bords frangés.

Le Corail se reproduit par des œufs et des spermatozoïdes; mais en même temps il offre la multiplication par bourgeonnement qui détermine la formation de colonies. Dans une colonie, les animaux s'unissent par leur mésoderme conservant entre eux des communications vasculaires directes et ainsi se constitue le *Sarcosome* où les polypes s'enfoncent par leur base. Le sarcosome est rempli de fins spicules calcaires d'un beau rouge qui donnent la couleur à l'écorce. Chaque polype sécrète à sa base de nombreux spicules semblables qui se pressent, s'enchevêtrent et forment avec les spicules des animaux voisins un axe calcaire qui supporte le sarcosome et contitue le *polypier*.

Dans le Corail, ce polypier est formé de carbonate de chaux 85 0/0, de carbonate de magnésie, d'oxyde de fer, de matière organique. C'est comme carbonate de chaux qu'il était employé dans l'ancienne médecine, à côté de la poudre d'os et de la corne de cerf.

Pl. IV, fig. 4. Polype du Corail, en coupe schématique. La cavité cœlentérique ce; les cloisons cl; la paroi du corps sm; les tentacules frangés t,t. Fig. 5. Coupe transversale d'un polypier de corail montrant les couches concentriques.

Les MÉDUSES (Acalèphes) sont des polypes modifiés pour nager. A cet effet, la partie qui limite le fond du sac s'étale et se replie en une coupe élargie. Si on place le Polype ainsi modifié, l'oscule en bas, cette coupe devient une *ombrelle* à la partie centrale de laquelle pend le *manubrium*, partie terminale du polype où l'oscule est entouré par les *tentacules* pendants. L'œuf issu d'une semblable méduse donne un petit polype dont le corps se coupe en une série d'assiettes superposées qui deviennent libres et se développent chacune en une nouvelle méduse. Les Méduses sont connues sous le nom d'*Orties de mer;* elles produisent sur la peau une urtication très douloureuse. Cet effet est dû à l'action de *capsules urticantes* ou *nématocystes* qu'on rencontre aussi chez les Polypes, mais qui présentent ici leur maximum de développement. Ces capsules couvrent les tentacules et divers points de l'ombrelle; chacune contient un liquide caustique dans lequel plonge un fil replié en spirale; le moindre choc fait dérouler le fil qui projette sur l'ennemi le contenu caustique du réservoir. Les bains de mer, au voisinage des méduses, sont souvent causes de ce désagrément douloureux.

Pl. IV, fig. 6. Coupe schématique d'une Méduse : cavité cœlentérique ce ; canaux qui en partent cn. L'ombrelle om, surmonte le corps ou manubrium mn, qui porte les tentacules t,t.

Fig. 7. Une capsule urticante ou nématocyste, en a, au repos, avec fil replié en spirale ; en b, avec fil projeté.

II. Les Échinodermes.

Avec l'aspect radiaire des Cœlentérés, les ECHINODERMES se distinguent par la division de la *cavité cœlentérique* en deux cavités distinctes : le *cœlôme* ou *cavité générale* et l'*entéron* ou intestin. Ce caractère est fondamental.

L'intestin ainsi constitué a, en général, une bouche et un anus et sa paroi est nettement distincte, séparée de la paroi du corps par la cavité générale.

Un système particulier de tubes fermés constitue l'appareil ambulacraire de ces animaux. Un anneau entoure la bouche projetant autour de cette dernière des tentacules protractiles et émettant le long de la paroi du corps des tubes longitudinaux, sortes de tentacules internes, d'où partent les *ambulacres*, vessies allongées, protractiles, qui percent le tégument et servent à l'animal à ramper sur les surfaces.

Les organes reproducteurs, portés par des individus mâles et des individus femelles, sont saillants dans la cavité générale et s'ouvrent en dehors par des pores génitaux.

L'Echinoderme type est représenté par les *Holothuries*, sortes de gros cornichons dont la paroi du corps reste molle et que recouvrent les ambulacres disposés en zones radiaires.

Les *Oursins* sont de petits melons sphériques ; le tégument s'incruste de sels calcaires et devient une carapace ou test, couvert de piquants ; seuls, les ambulacres la traversent suivant des zones dites ambulacraires.

Les *Astéries* perdent la forme sphérique et se dépriment, projetant des bras qui leur donnent l'allure d'une étoile à cinq branches.

Les Holothuries seules intéressent la médecine ; elles entrent dans la composition du *trépang*, préparation excitante fort estimée des Orientaux, qui vient de la Chine.

Pl. IV, fig. 8. Coupe schématique d'une Holothurie. Tube digestif td, traversant la cavité générale cg. Bouche b, anus a, tégument tg, traversé par les ambulacres am ; organes génitaux gn.

Fig. 9. Disposition des ambulacres am, sur le vaisseau ambulacraire vm.

Fig. 10. Oursin avec ses piquants et ses ambulacres. Zones ambulacraires za, interambulacraires zi.

Fig. 11. Etoile de mer ou Astérie.

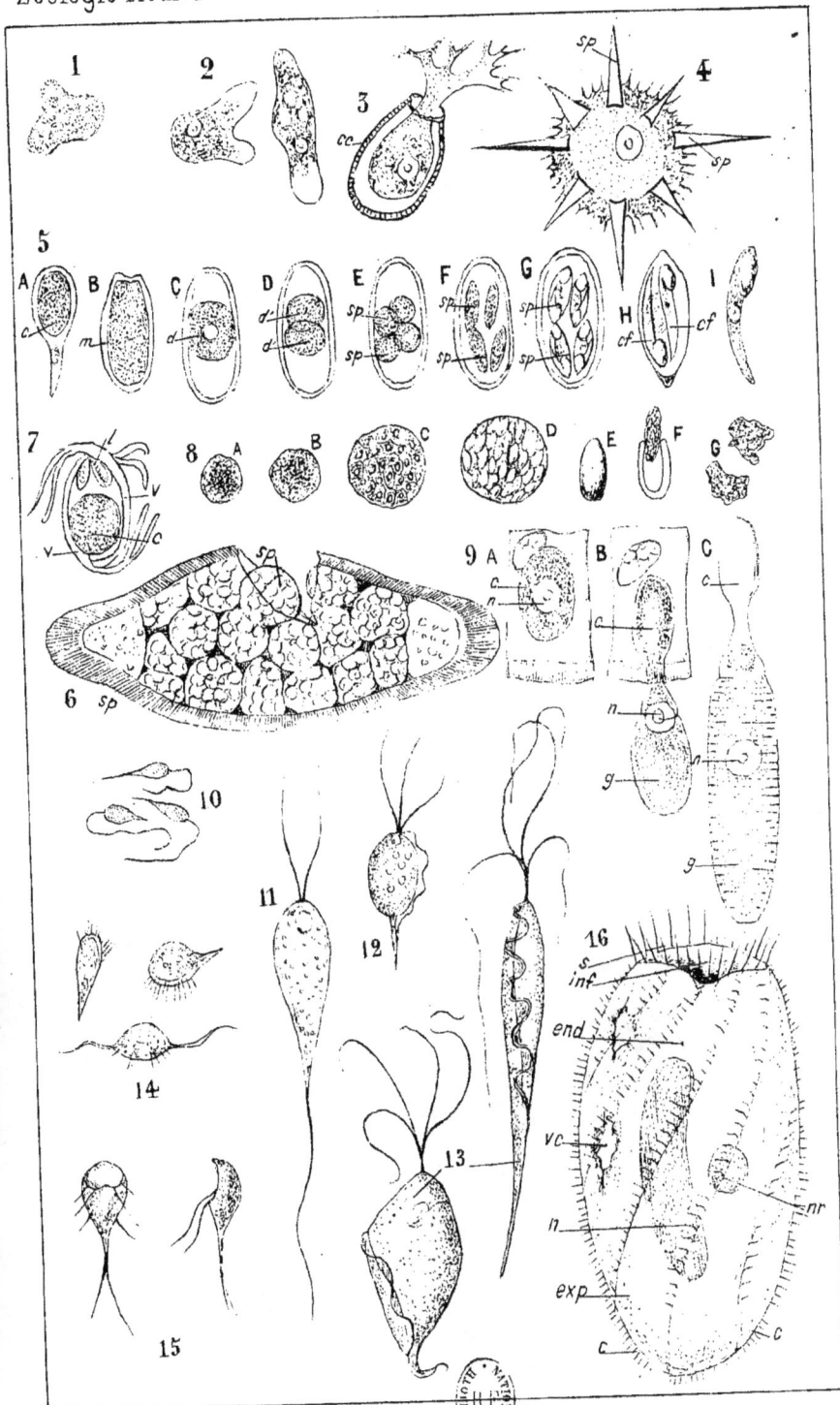

PROTOZOAIRES

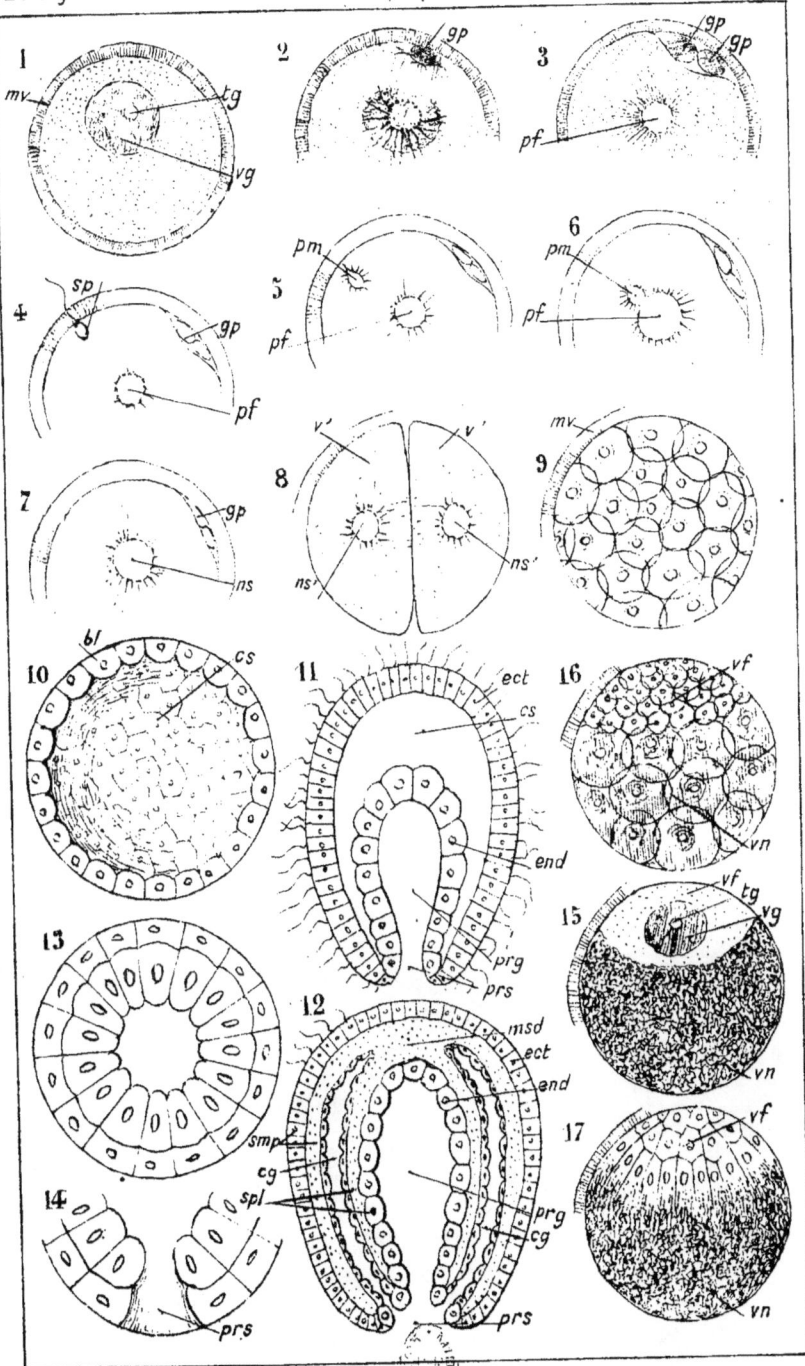

DÉVELOPPEMENT DE L'ŒUF

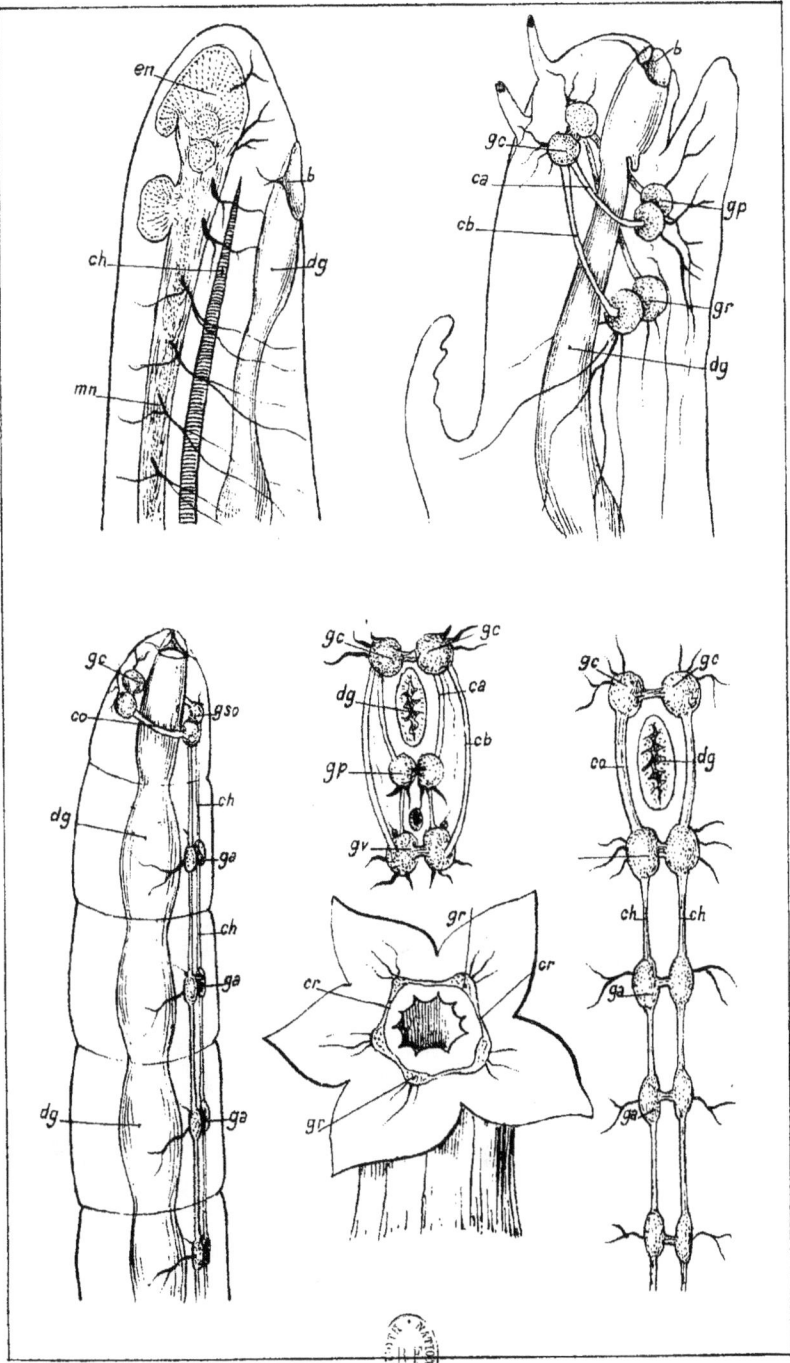

TYPES DE CUVIER

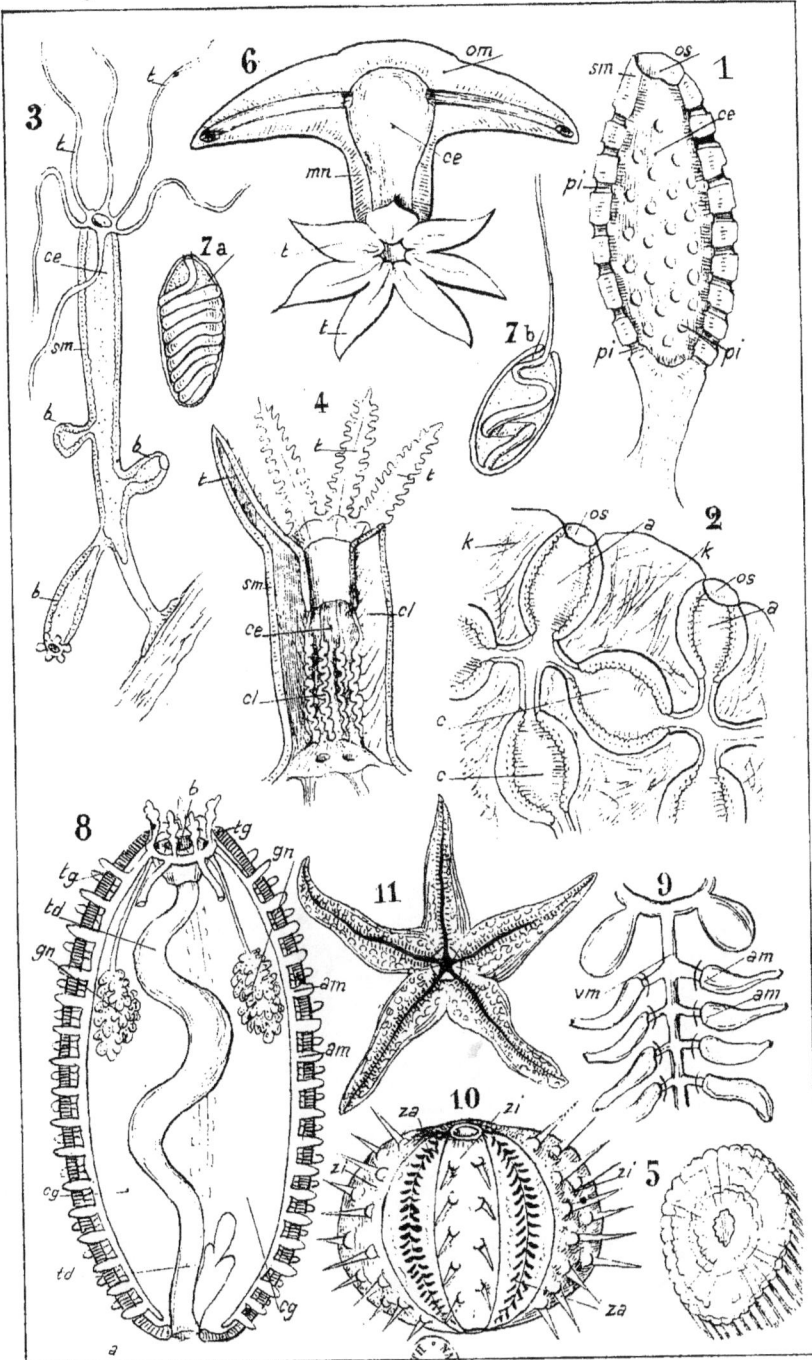

RADIÉS : COELENTÉRÉS, ECHINODERMES

QUATRIÈME LEÇON

Les Animaux annelés.

I. Les Vers.

Les vers qui intéressent d'une façon particulière le médecin peuvent se réunir en quatre classes distinctes :

1. Les vers plats foliacés : *Trématodes*, Douves ;
2. Les vers plats rubanés : *Cestodes*, Tænias et Botryocéphales ;
3. Les vers ronds :   *Nématodes*, Ascaris, etc. ;
4. Les vers annelés :   *Annélides*, Sangsue ,

que nous passerons successivement en revue.

I. Classe des Trématodes.

Les vers foliacés ou TRÉMATODES ont la forme d'une feuille plus ou moins allongée ; ils présentent une ou plusieurs ventouses, et la disposition de ces ventouses permet de les diviser en familles :

1. Une seule ventouse entourant la bouche : *Monostomiens.*
2. Deux ventouses, une buccale, une ventrale : *Distomiens.*
3. Plusieurs ventouses :   *Polystomiens.*

Les parasites de l'homme semblent appartenir exclusivement à la famille des Distomiens ; car le *Monostoma lentis*, que Nordmann a établi sur quelques parasites logés dans le cristallin d'une femme opérée de la cataracte, est mal défini quant à sa détermination précise.

LES DISTOMIENS.

La famille des Distomiens comprend donc l'ensemble des parasites humains trématodes. On peut les répartir de la façon suivante :

1. Les deux ventouses sont rapprochées :
   Individus hermaphrodites :   *Distomum.*
   Individus unisexués :   *Bilharzia.*
2. Les ventouses occupent les deux extrémités du corps :
        Amphistoma.

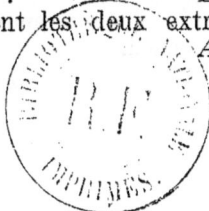

Distomum hepaticum.

C'est dans le foie du mouton que l'on trouve abondamment ce parasite, connu sous le nom vulgaire de *Douve du foie ;* il se rencontre aussi quelquefois chez l'homme. Il vit dans les canalicules biliaires.

La Douve a la forme d'une feuille aplatie. Sur sa face ventrale on remarque deux ventouses : l'une située sur la ligne médiane, vers le milieu du corps ; elle est *imperforée ;* l'autre occupe l'extrémité supérieure du corps ; elle est percée par la *bouche.*

L'animal est limité par une cuticule qui repose sur une matrice sous-jacente ; elle est doublée par des couches musculaires, et le tout enveloppe un parenchyme dense formé de cellules polyédriques, qui englobe les divers organes.

En poussant par la bouche une injection colorée, on remplit un *tube digestif arborescent.* La bouche donne accès dans un *pharynx* contractile fait pour aspirer la bile dans laquelle plonge l'animal, et un court *œsophage* conduit dans deux *cœcums arborescents* qui se ramifient dans les deux parties latérales du corps ; *il n'y a pas d'anus.*

Le système nerveux se compose d'une paire de ganglions situés sur l'œsophage, immédiatement au-dessous du pharynx, et que réunit une commissure. De ces ganglions partent deux gros nerfs latéraux ventraux que les observations de Poirier sur *D. clavatum* montrent renflés en ganglions reliés par des commissures ventrales, formant une chaîne ventrale bien déterminée. D'autres nerfs moins importants se rendent aux ventouses et au tégument dorsal et ventral.

A l'extrémité postérieure du corps on trouve un petit orifice qui donne accès dans un tube excréteur médian. Ce tube émet sur toute la longueur du corps des branches latérales ramifiées, et se termine du côté de la tête par quatre rameaux divergents. Les arborisations ultimes des canalicules aboutissent à des ampoules fermées par un couvercle et au fond desquelles bat un flagellum. Cet appareil excréteur est dorsal ; le tube digestif est ventral.

Entre les deux ventouses, sur la ligne médiane, on observe un petit *orifice sexuel* qui fait pénétrer dans le *cloaque génital.*

La Douve est hermaphrodite et possède à la fois des glandes mâles et des glandes femelles.

Appareil femelle : L'œuf est produit par un *ovaire médian* et transporté de là par un *oviducte* dans une portion renflée et contournée, l'*uterus,* qui se prolonge directement vers le cloaque par un tube délié ou *vagin.* L'oviducte reçoit un gros canal, le *vitelloducte,* qui apporte la sécrétion de deux glandes latérales, les *glandes vitellines* (vitellogènes). Au point où s'ouvre le vitelloducte, l'oviducte est entouré par un corps massif de glandes unicellulaires, la *glande coquillière ;* au même point aboutit un canal délié, le *canal de Laurer,* qui fait communiquer l'oviducte avec l'extérieur par un pore dorsal.

Appareil mâle : Deux *testicules* latéraux lobés donnent deux *conduits séminaux* qui s'unissent en un *canal déférent*. Celui-ci se renfle en *vésicule séminale*, traverse, comme *canal prostatique*, un sac glandulaire ovoïde et se termine dans le cloaque par un *canal éjaculateur*.

Comment se fait la fécondation? On a pensé que le canal éjaculateur pouvait se dévaginer en formant un pénis protractile qui s'enfonçait dans le vagin et y versait le sperme. D'autres auteurs ont pensé à un accouplement réciproque par le canal de Laurer. Sommer et Poirier admettent l'autofécondation par simple émission du sperme dans le cloaque fermé par son sphincter. De là le sperme pénètre dans le vagin et attend dans l'utérus l'arrivée des œufs.

Le développement de la Douve est des plus intéressants, et les observations de Leuckart et de Thomas en ont fait connaître les phases successives; il se fait dans l'eau.

L'œuf elliptique présente, sous une membrane vitelline que protège en dehors un chorion épais, un *vitellus nutritif* granuleux et une *cicatricule* (vitellus formatif) contenant la vésicule embryonnaire. La segmentation porte sur la cicatricule qui, multipliant ses cellules, arrive à former une masse sphérique grandissante; en même temps, le vitellus nutritif qui fournit les éléments nécessaires au développement de l'embryon se résorbe et finit par disparaître. Les cellules de la masse sphérique se séparent en une couche périphérique, le *manteau*, et en une masse profonde, rudiment de l'*embryon*. Le manteau reste mince sous la coque de l'œuf et enveloppe l'embryon, qui se couvre de cils vibratiles. C'est à cet état que l'œuf abandonne l'utérus et est entraîné au dehors. Si les conditions sont favorables, la coque se fend circulairement et un opercule se détache qui permet la sortie de l'*embryon cilié*.

L'embryon, couvert de longs cils, est muni de deux taches pigmentaires oculaires et porte un rostre protractile contenant une épine rigide. Il se meut avec rapidité dans l'eau et cherche une *Limnæa truncatula*, petit mollusque de nos eaux douces, pour s'établir dans sa chambre respiratoire. Là, usant de son rostre, il se fraye un chemin et se fixe dans les tissus.

Dès lors il perd ses cils, son rostre et se transforme en une sorte de sac rempli de cellules germinatives; c'est un *Sporocyste*.

Les cellules germinatives se multiplient et se disposent en amas muriformes, ce sont des morulas qui deviennent des gastrulas par invagination. Puis ces gastrulas s'allongent, prennent un pharynx, des rudiments de prolongements latéraux, et bientôt dans les sporocyste s'agitent des formes animales nouvelles : les *Rédies*.

Les Rédies s'échappent du Sporocyste qui se rompt, et, se poussant en avant avec leurs espèces de nageoires, elles s'enfoncent dans le foie de l'animal, où elles s'établissent.

Là, chaque Rédie, tout en conservant sa forme, se comporte comme un Sporocyste; mais les gastrulas intérieures, au lieu de devenir des *Rédies*, deviennent des *Cercaires*. A cet effet, le pôle buccal de la gastrula s'entoure d'une ventouse, le pôle opposé s'allonge en une queue agile, une ventouse ventrale se montre qui détermine l'apparition de deux cæcums digestifs; des cellules glandulaires *cystogènes* couvrent ses flancs. Chaque Cercaire s'échappe de la Rédie par un pore latéral et quitte le foie pour mener une vie indépendante dans l'eau où vit son hôte.

Bientôt la Cercaire ralentit ses mouvements et se pose sur une plante aquatique. Alors ses cellules cystogènes sécrètent un *kyste* d'un blanc pur qui enveloppe le petit être, la queue disparaît, la Cercaire est enkystée. Sous cette forme, la Cercaire peut attendre et résister. Il faut en effet que le mouton ou l'homme vienne à ingérer la branche du végétal submergé où est fixé le kyste, pour que le développement se poursuive.

Arrivé dans le tube digestif, le *kyste* est dissout, et la Cercaire dépourvue de queue se met à ramper dans l'intestin. Bientôt elle pénètre dans le canal cholédoque; elle s'allonge, grossit, des *organes génitaux* se montrent, la *Cercaire* est devenue *Douve* adulte.

Telles sont les phases successives du développement de la douve du foie : Œuf, Embryon cilié, fixation sur Lymnea sous forme de Sporocyste; Rédies, Cercaires, Douves adultes.

Lorsque les circonstances sont favorables, chacune de ces formes peut se multiplier en donnant des formes identiques à elle-même. Ainsi, le *Sporocyste* peut former des *Sporocystes* filles; de même, les *Rédies* peuvent donner des *Rédies* filles, et ainsi se complique, par une multiplication des individus, le développement de la Douve.

On connaît 17 observations de Douve dans les voies biliaires de l'homme; c'est donc un parasite rare. C'est cependant le plus fréquent des Distomes rencontrés chez l'homme.

Pl. V. Anatomie et développement du *Distomum hepaticum* (d'après Sommer, Poirier, Thomas).

Fig. 1. Douve vue par la face ventrale: la ventouse buccale vb, perforée par la bouche b; la ventouse ventrale vv, imperforée ; le tube digestif avec le pharynx ph, et les deux cœcums c, c, couverts d'arborisations r, r. Le système nerveux n.

Fig. 2. Douve vue dorsalement : le pore excréteur p, le conduit excréteur médian ex et ses ramifications rx.

Fig. 3. Face ventrale, les organes génitaux.

Appareil mâle : dans le cloaque, le cirrhe cr, le canal éjaculateur cj, traversant la prostate pr ; la vésicule séminale vs ; le canal déférent cdf, se bifurcant vers les deux testicules t, t.

Appareil femelle : la vulve v, le vagin vg, s'évasant en utérus ut, ut; l'oviducte ovd, aboutissant à l'ovaire ov. Les vitellogènes gv, gv, le vitelloducte vd, la grande coquillière gc, le canal de Laurer cl.

Fig, 4 à 9. Développement de l'embryon.

L'œuf protégé par un chorion ch, a un clapet cf, il contient un vitellus formatif vf, et un vitellus nutritif vn. Le vitellus formatif donne un corps cellulaire ce, qu'un groupe de cellules polaires cm, enveloppe d'un manteau

continu m. Sous ce manteau se développe un embryon cilié e, qui devient
libre : le rostre r avec un stylet s; les points oculaires oc, les cellules ci-
liées du tégument c, c.

Cet embryon est établi dans la chambre respiratoire de Lymnea truncatula représentée fig. 10.

Fig. 11. Sporocyste contenant les cellules germinatives cg, d'où se détachent
des morulas mr, qui deviennent gastrulas gs, et rédies rd.

Fig. 12. Rédie, avec son pharynx ph, et son tube digestif dg ; à l'intérieur les
cercaires cr, issues des cellules germinatives cg; pore pour la sortie des
cercaires, p.

Fig. 13. Cercaire avec sa queue q. Ventouse buccale vb, bouche b, tube digestif avec cæcum c; ventouse ventrale v, v; cellules cystogènes kc.

Fig. 14. Cercaire dans son kyste ky, ayant perdu sa queue n ; mêmes lettres.

Distomiens rares ou exotiques.

Distoma lanceolatum, se distingue du précédent par son tube
digestif non ramifié, vit avec lui dans le foie du mouton ; son
sporocyste évolue dans la planorbe ; cinq cas signalés chez
l'homme.

Pl. VIII, fig. 1. Mêmes lettres que pour Distoma hepaticum ; cæcums non
ramifiés du tube digestif c, c.

Distoma conjunctum, rencontré deux fois chez l'homme par
Mac Connel, à l'hôpital de Calcutta.

Distoma sinense, propre à la Chine.

Distoma japonicum, confiné dans deux provinces du Japon.

Distoma Buski, le plus grand des Distomes. Chine.

Distoma heterophyes, observée au Caire par Bilharz.

Distoma Ringeri, du poumon de l'homme. Japon, Formose.

Distoma oculi humani? recueilli par Von Ammon, de Dresde,
dans l'œil d'un jeune enfant.

Amphistoma hominis a été observé deux fois chez l'homme,
par Mac Connel, dans l'Indoustan.

Ce parasite se reconnaît par la position des ventouses qui occupent les deux extrémités du corps.

Pl. VIII, fig. 2 a et b. — La ventouse antérieure vb ; la ventouse postérieure vp;
le pore génital pc. (Lewis)

Bilharzia hæmatobia a été découvert dans le sang de la veine
porte, des veines intestinales et rénales, par Bilharz. Fréquente
dans le delta du Nil, en Egypte et en Abyssinie.

Ce ver est unisexué. Le mâle, plus volumineux, a la face ventrale creusée d'un sillon longitudinal où la femelle vit en parasite.
L'accumulation des œufs détermine des hématuries graves et leur
expulsion par la voie urinaire.

L'œuf est éperonné, il en sort un embryon cilié qui se rompt
pour laisser échapper des masses sarcodiques dont on ignore le
développement ultérieur.

Pl. VIII, fig. 3 a. Le mâle m, porte dans son sillon la femelle f ; les ventouses vb et vv. — Fig. 3 b, détails de la région céphalique du mâle: les
ventouses vb et vv, le pore génital pc, les cæcums gastriques cc, le sillon s.
— Fig. 3 c, l'œuf entouré par le chorion ch, prolongé en éperon p. — Fig. 3 d,
l'embryon cilié, avec cæcums gastriques tg, émettant les masses sarcodiques
n, n. (Bilharz.)

CINQUIÈME LEÇON

—

II. Classe des Cestodes.

Les Vers rubanés ou CESTODES se reconnaissent à leur forme aplatie et à la division de leur corps en anneaux. Dans les *Tœniadés*, les papilles génitales sont latérales; dans les *Botryocéphalidés*, ces papilles occupent la ligne médiane des anneaux.

1. LES TÆNIAS.

Nous pouvons, pour les Tænias comme pour les Douves, étudier d'abord les plus fréquents et consacrer un tableau aux Tænias rares ou exotiques.

Dans la première catégorie rentre le Tænia inerme *(T. saginata)*, le Tænia armé ou Ver solitaire *(T. solium)* et le Tænia échinocoque *(T. echinococcus)*.

Tœnia saginata.

Le Tænia inerme *(Tœnia saginata, inermis* ou *mediocanellata)* est le plus fréquent des Tænias de l'homme.

Ses anneaux mûrs — *proglottis* ou *cucurbitains* — sont rejetés par l'anus. Ainsi séparés, ils ont la forme d'un grain de courge, plus longs que larges, portant latéralement une *papille génitale* saillante. L'intérieur de l'anneau est rempli par des arborisations transversales s'échappant d'un tronc longitudinal; cet ensemble ramifié est l'*uterus,* gorgé d'œufs; on n'y reconnaît aucune trace de tube digestif.

Dans une expulsion totale d'un Tænia adulte, on prend une idée de la façon dont ces anneaux s'unissent en un ruban qui atteint souvent 8 à 9 mètres, quelquefois 15 mètres de long. Sommer donne une moyenne de 1,220 anneaux.

Ces anneaux vont perdant de leur longueur, décroissant à mesure que l'on s'éloigne de la portion la plus âgée; le ruban s'atténue ainsi en une région effilée qui aboutit à un renflement arrondi terminal.

Ce renflement est la *tête* du Tænia pour la plupart des auteurs; pour Moniez, au contraire, c'est un appareil fixateur caudal.

Cette tête est coupée carrément, elle se termine par une cupule frontale, sans rostre saillant ni crochets, d'où le nom de Tænia *inerme* qui caractérise cette disposition. Elle porte quatre *ventouses* oblongues, creusées en cupules.

A la tête fait suite le cou, où l'on distingue les premiers anneaux qui se forment en ce point.

La tête est le point de départ des tubes excréteurs et des filets nerveux.

L'*appareil excréteur* a pour centre un cercle situé au-dessous du front; quatre tubes en partent qui passent en arrière des ventouses et qui se rapprochent ensuite deux à deux pour former, le long de chaque bord de l'anneau aplati, un double système de tubes accouplés. Le plus interne de ces tubes conserve un plus petit calibre et n'envoie pas d'anastomoses; le plus externe, plus large, lacuneux, est réuni au tube correspondant du côté opposé par une série d'anastomoses dont chacune suit le bord inférieur de chaque anneau. Au-dessous de chaque anastomose, ces tubes lacuneux sont coupés par des valvules. Ce sont ces orifices valvulés qui successivement, par la chute des anneaux, font communiquer le système avec l'extérieur.

Le *système nerveux* est formé par une large bandelette ganglionnaire située à la base de la tête et qui répond à deux ganglions unis par une large commissure. Ces centres envoient en avant deux gros connectifs qui supportent un anneau nerveux céphalique innervant le front et les ventouses. D'autre part, ils donnent deux nerfs latéraux qui descendent dans les anneaux immédiatement en dehors des vaisseaux; de petits filets dorsaux et ventraux complètent ce système.

En dehors de ces systèmes excréteurs et nerveux communs à tous les anneaux, il ne reste à signaler que les organes reproducteurs qui se retrouvent dans chaque anneau avec une indépendance absolue. Si l'on va des anneaux les plus jeunes aux anneaux mûrs, on suit la formation de ces organes et l'on peut déterminer les anneaux les plus favorables à un examen détaillé.

L'anneau adulte est hermaphrodite; les conduits mâle et femelle aboutissent à une cavité commune, le *cloaque génital*, dont la place est indiquée par la *papille génitale*, percée d'un orifice muni d'un sphincter qu'on observe sur un des bords latéraux de l'anneau.

D'après Moniez, l'appareil mâle se compose d'un *canal déférent* qui se termine par un *canal éjaculateur*. Ce canal traverse une poche prostatique glandulaire et se termine par une papille ou *cirrhe*. Le canal déférent est un canal collecteur où aboutissent des lacunes creusées dans le tissu conjonctif par la pression des spermatozoïdes qui cheminent dans cette direction. Il n'y a en réalité ni canaux spermatiques, ni testicules. Les spermatozoïdes se forment dans les mailles du tissu conjonctif. A cet effet, de grandes cellules embryonnaires se rassemblent, qui bourgeonnent des cellules filles qui, à leur tour, bourgeonnent des cellules petites-filles. Ces dernières deviennent des têtes de spermatozoïdes qui s'étirent pour dégager leur longue queue mobile.

L'appareil femelle a pour centre l'*utérus*, destiné à recevoir les œufs fécondés. Les œufs sont produits dans des lacunes conjonctives en trois masses dites *ovaires*: deux latérales et une médiane.

Les œufs des deux masses latérales cheminent en convergeant vers l'orifice d'un pavillon destiné à les recevoir, les œufs de la masse moyenne aboutissent à un autre *pavillon*. Les canaux collecteurs qui font suite à ces pavillons s'unissent en un *oviducte* unique qui se renfle pour constituer le *bulbe* (ancienne glande coquillière) et s'évase pour former l'*utérus*.

Cet ensemble communique au dehors par le *vagin*, qui se jette dans l'oviducte à son point d'origine. Le vagin commence par une *fente vulvaire* située au-dessous du pénis, se poursuit en un tube mince qui se renfle vers sa partie moyenne pour constituer un *réservoir séminal*.

Cirrhe et vagin s'ouvrent dans le *cloaque génital*, qui s'ouvre au dehors par le *pore génital*. Un muscle constricteur préside à la fermeture du pore. Les spermatozoïdes sont-ils déversés dans le cloaque et pénétrent-ils ensuite dans le vagin par leurs propres mouvements, ou bien y a-t-il intromission d'un pénis dans l'orifice vulvaire? La première supposition semble la seule probable.

Les spermatozoïdes accumulés dans le réservoir séminal fécondent au passage les œufs qui remontent des ovaires vers l'utérus.

Sommer, qui, avant Moniez, avait fait une étude consciencieuse des organes reproducteurs du *Tænia saginata*, avait interprété d'une façon différente ces parties et donnait un ensemble qui concordait avec l'organisation même de la Douve. Nous résumons ses conclusions.

L'appareil mâle a pour centre de vrais *testicules* que des *canaux séminaux* font communiquer avec un *canal déférent*. Ce canal aboutit à un *cirrhe* protractile qui s'invagine dans la poche du *cirrhe*.

L'appareil femelle commence par deux *ovaires latéraux*, dont les conduits excréteurs, sans intermédiaire de pavillons collecteurs, convergent vers un *oviducte* unique. Cet oviducte reçoit un *vitellogène impair* médian (ovaire moyen de Moniez) par l'intermédiaire d'un *vitelloducte*, traverse une *glande coquillière* et aboutit au vagin, qui se porte au dehors ; au point d'union de l'oviducte et du vagin se trouve le gros tube ramifié de l'*utérus* qui ne communique pas avec le dehors. D'après cette interprétation, l'ensemble diffère de la disposition décrite chez la Douve : par le transport des orifices sur le *bord latéral*, par la présence de *deux* ovaires et d'*un seul* vitellogène, par l'absence du *tube de Laurer* et surtout par la disposition de l'*utérus*, qui devient un *diverticulum* du vagin au lieu d'être interposé entre l'oviducte et le vagin.

L'œuf passe de l'ovaire dans l'utérus, recevant dans ce trajet le spermatozoïde fécondateur, le sperme étant massé dans le réservoir du vagin. Les œufs s'accumulent ainsi dans l'utérus remplissant ses ramifications latérales et transformant l'anneau en une véritable poche à œufs. C'est dans cet organe que l'œuf subit sa segmentation et donne naissance à l'embryon. Or, l'œuf ainsi transformé ne peut poursuivre son développement dans l'hôte du tænia adulte, il faut donc qu'il arrive au dehors. L'anneau se détache, est expulsé avec les fèces et c'est par désagrégation des tissus de l'anneau que les œufs deviennent libres et peuvent pénétrer dans un nouvel hôte.

L'œuf du Tænia est constitué comme celui de la Douve, par un large *vitellus nutritif* et par une *cicatricule* qui donne par segmentation un embryon homogène. L'embryon détache sa couche cellulaire superficielle et le *manteau* ainsi formé s'épaissit et se chitinise en coque résistante. Sous cette coque, l'embryon se différencie et devient une masse sphérique munie de *six épines: embryon hexacanthe;* c'est sous cette forme que l'œuf attend le moment propice à son développement.

Il faut qu'un bœuf ingère avec les plantes fourragères les œufs dispersés après leur sortie du tube digestif de l'homme; dans l'estomac la coque disparaît, résorbée par l'action du suc gastrique, et l'embryon hexacanthe arrive dans l'intestin. Alors il joue des crochets, dilacère l'épithélium, traverse les couches conjonctives, utilise les petits vaisseaux pour se faire charrier au loin et vient s'installer dans le tissu cellulaire du tégument et des parenchymes. Là, il s'accroît et, devenu immobile, il perd ses crochets et devient comme l'embryon de la Douve, un *sporocyste* qu'on nomme ici *cysticerque*.

Ce *cysticerque* ne tarde pas à former, au pôle opposé à celui qui portait les épines, une dépression qui s'accentue par épaississement des bords et, vers le fond de la dépression s'élève un bourgeon qui prend peu à peu la forme d'une *tête de tænia*, avec ses ventouses caractéristiques; c'est le *scolex*. Les tissus qui environnent le cysticerque s'irritent et le tissu conjonctif forme un *kyste adventif* isolateur. Sur l'hôte actuel, le développement ne franchira pas cette phase; le cysticerque doit passer dans un nouvel hôte : l'homme.

Que de la viande de bœuf, mal cuite, contenant des cysticerques vivants, arrive dans l'intestin de l'homme, les conditions voulues sont réunies : le *scolex* se dévagine et ses ventouses lui permettent de se fixer à la paroi intestinale; déjà son cou se marque d'anneaux qui vont s'accroître et le bourgeonnement successif va former le *strobile*, long ruban annelé qui sera le *Tænia adulte*.

Ainsi, l'œuf du Tænia doit évoluer dans un hôte déterminé : le *bœuf* où, pénétrant comme *embryon hexacanthe*, il devient *cysticerque*. C'est sous cette forme qu'il pénètre avec la viande du bœuf dans l'intestin de l'homme et c'est là que le *scolex* se fixe pour devenir *tænia adulte*; les œufs doivent de nouveau passer de l'homme au bœuf.

Tænia solium.

Le *Tænia solium*, Tænia armé ou Ver solitaire, est beaucoup plus rare que le précédent. Autrefois, au contraire, il était le plus commun. Cela tient à la possibilité d'éviter plus facilement les cysticerques de cette espèce. Si le tænia inerme a ses cysticerques dans les muscles du bœuf, c'est dans le tissu conjonctif du porc qu'abondent ceux du tænia armé chez lequel ils déterminent la ladrerie. La ladrerie est facile à découvrir par l'examen du dessous de la langue où les cysticerques sont réunis quand le porc est malade et, grâce à des prescriptions de police sévères, la viande contaminée est enlevée à l'alimentation et le parasite se fait rare.

Un point important à noter, c'est que l'homme peut loger le parasite à ses deux phases de développement; il peut être atteint de ladrerie, c'est-à-dire, avoir dans ses organes des cysticerques, comme il sert d'hôte au tænia armé adulte. Dans le premier cas, il a ingéré des œufs de tænia; dans le second il a fait pénétrer dans son estomac des cysticerques avec du jambon cru ou du lard mal cuit.

Le Tænia armé est très voisin de l'inerme. Ordinairement plus court, il peut encore atteindre 8 mètres de longueur. Son organisation générale, son développement sont calqués sur ceux de son congénère. Nous n'insisterons donc que sur les caractères pratiques permettant de distinguer ces deux vers.

Si l'on est en possession de la tête, rien n'est plus aisé que le diagnostic.

Au-dessus de la masse arrondie qui porte les ventouses se dresse un rostre terminé par une couronne de *crochets*. Ceux-ci sont en deux rangées égales et alternantes, au nombre de 20 à 30. Chacun d'eux a un *manche*, une *garde* et une *lame* recourbée.

La distinction des anneaux est aussi facile.

Si l'on a en main un chaînon, l'examen des orifices sexuels indique :

Alternance régulière de ces orifices :   *Tœnia solium.*
Alternance irrégulière :   *Tœnia saginata.*

L'examen à la loupe d'un anneau séparé peut encore être utilisé :
Anneau plus étroit, branches de l'utérus, 7 à 12, plus grêles :
       Tœnia solium.
Anneau plus large, branches de l'utérus très nombreuses, larges :
       Tœnia saginata.

Chez l'homme, le cysticerque occupe en général le tissu conjonctif, mais l'examen des cas cités par les divers observateurs permet de le noter dans les méninges, dans le cerveau, fréquemment dans l'œil et dans la plupart des organes humains; il manque ordinairement sous la langue.

Pl. VI. Organisation et développement du *Tœnia saginata* et du *Tœnia solium* (d'après Sommer, Leuckart, Moniez).

Fig. 1. Tête du *Tœnia saginata :* ventouses v, cou c, anneaux jeunes an.

Fig. 2. Anneaux du même montrant l'alternance irrégulière des pores génitaux p.

Fig. 3. Anneau grossi du même: l'utérus ut, porte de nombreuses ramifications parallèles r, r.

Fig. 4. Tête du *Tœnia solium* montrant le rostre r, et la double couronne de crochets.

Fig. 5. Crochet détaché : la lame l, la garde g, le manche m.

Fig. 6. Anneaux du même montrant l'alternance régulière des pores génitaux p.

Fig. 7. Anneau grossi : l'utérus ut, et les ramifications r, r, grêles, peu nombreuses qui en partent.

Fig. 8. Anneau schématique montrant à la périphérie le nerf n, le canal lacunaire c, le vaisseau v, les anastomoses an, et leurs valvules v. Au centre les organes génitaux aboutissant au cloaque cg.

Appareil mâle : le cirrhe cr, le canal éjaculateur cj, traversant la poche prostatique pr, le canal déférent cdf, les testicules t, t.

Appareil femelle : la vulve v, le vagin vg, le réservoir séminal rs. Les deux ovaires latéraux ov, ov, aboutissent à un oviducte ovd, commun qui se termine dans l'utérus ut. Cet oviducte traverse la glande coquillière gc, et reçoit le vitelloducte vd, issu du vitellogène vg.

Fig. 9 à 12. Développement de l'embryon de *Tænia solium*. L'œuf, enveloppé par la membrane vitelline mv, est composé par un vitellus formatif vf. et par un vitellus nutritif vn. Le vitellus donne un corps cellulaire dont la couche périphérique devient le manteau cm, m. Ce manteau épais et strié protège l'*embryon hexacanthe* e, e, muni de six épines a, a. Il se détruit en arrivant dans l'estomac du porc.

Fig. 13. Fixation de l'embryon hexacanthe sous forme de cysticerque cy.

Fig. 14. Constitution d'un cysticerque; la vésicule vh porte la tête t, invaginée dans la cavité cv.

Fig. 15. Cysticerque dévaginé dans l'intestin de l'homme, grandeur naturelle.

Fig. 16. Le même, grossi.

Tænia echinococcus.

C'est le plus petit des Cestodes connus; il a de 2^{mm} 5 à 3 millimètres de longueur, ne dépassant jamais 5 millimètres. Il se compose d'une tête munie d'une double couronne de crochets et de 3 à 4 anneaux. Il vit dans l'intestin grêle du chien.

L'œuf ovale donne un embryon hexacanthe qui, normalement, se développe dans le foie du mouton, mais qui peut envahir les hôtes les plus divers et l'homme en particulier.

L'embryon hexacanthe arrivé dans l'intestin de l'hôte, s'enfonce dans ses parenchymes, perd ses crochets et s'accroît, devenant une vésicule remplie par une masse granuleuse. Bientôt un liquide aqueux envahit la vésicule, rejetant contre la paroi la couche granuleuse. Cette vésicule est désignée par le nom d'*hydatide*.

L'*hydatide* est limitée par une cuticule épaisse, à couches stratifiées qui s'accroît lentement sur place, étant incapable de mouvement. Cette cuticule est tapissée par la *membrane germinale*, couche granuleuse cellulaire, et toute la cavité est remplie par un liquide transparent, jaunâtre, neutre, incoagulable par la chaleur, contenant des sels calcaires et du glycose. Une leucomaïne capable de produire des accidents toxiques violents a été signalée dans ce liquide par Mourson et Schlagdenhauffen.

L'hydatide arrivée à un développement normal produit dans son intérieur des *vésicules proligères*. A cet effet, sa membrane germinale interne émet des bourgeons qui se pédiculisent peu à peu. Chaque bourgeon se creuse d'une cavité et devient vésicule. C'est sur la face interne de chaque vésicule que se montrent des bourgeons qui deviennent par des transformations successives des têtes de tænia ou *échinocoques*. On en compte de 5 à 30 par vésicule. Ces têtes se détachent de la paroi et deviennent libres dans la cavité de la vésicule; la membrane qui les retient se détruisant, les têtes tombent dans la cavité de l'hydatide. On pourrait appeler cette hydatide remplie de têtes, *céphalocyste*, nom plus simple que l'expression de: *kyste à échinocoques*.

Dans certains cas, l'évolution de l'hydatide est profondément modifiée:

Ainsi, l'hydatide peut continuer à s'accroître sans jamais donner de vésicules proligères et de têtes. Dans ce cas, elle devient hydropique et constitue la variété dite: *Acéphalocyste*.

Dans un autre cas, les vésicules proligères se montrent, mais, devenant hydropiques à leur tour, elles ne donnent point de têtes de tænia; on a alors un *acéphalocyste* vésicule-mère, rempli d'*acéphalocystes secondaires*.

Une complication plus grande peut se montrer dans le développement de l'hydatide:

L'hydatide, *vésicule-mère*, peut en effet produire des *vésicules secondaires* qui ne produisent pas de têtes, mais qui donnent des *vésicules proligères* de troisième génération produisant des têtes. C'est l'intercalation dans le développement normal d'une phase hydatique intermédiaire.

Que ces vésicules de troisième génération restent acéphalocystes, on trouvera dans le même kyste trois systèmes emboîtés d'acéphalocystes.

L'hydatide varie quant à la grosseur; elle se fait remarquer lorsqu'elle atteint la grosseur d'un pois, mais on en trouve de toutes tailles. Dans le cas de Luschka, on trouva à l'autopsie d'une femme de soixante ans une tumeur hydatique qui pesait *trente livres*, vaste kyste où nageaient plusieurs milliers de vésicules de toutes tailles.

L'hydatide est capable de se multiplier dans l'hôte même où elle est enkystée. A cet effet, la membrane germinale pousse à travers la cuticule des prolongements en cæcums qui se pédiculisent, s'arrondissent et se rapprochent de la surface; insensiblement ils deviennent libres sous forme de vésicules proligères *exogènes* qui se développent au pourtour de l'hydatide mère.

Mais, dans tous les cas, le tænia ne peut dépasser la phase hydatique dans l'hôte où il est enkysté. Pour que le développement se poursuive, il faut que l'hydatide contenant des têtes de tænia revienne à l'intestin du chien.

Si un chien ingère quelques viscères contenant des kystes à échinocoques, le suc gastrique dissout les vésicules et les têtes de tænia se fixent, formant les quelques anneaux caractéristiques du *Tænia echinococcus* et le cycle du développement est ainsi complété.

Les hôtes normaux du *Tænia echinococcus* sont le chien où il vit à l'état adulte et le mouton dont les viscères sont farcis d'échinocoques. L'Islande est la patrie de ce parasite, et l'habitude de jeter aux chiens les viscères des animaux abattus assure la propagation du parasite. Or, dans ce pays, pendant les longs mois d'hiver, la promiscuité la plus absolue existe entre l'homme et le bétail et, de cette façon, l'homme contracte, comme le mouton, des échinocoques en absorbant les œufs des anneaux mûrs que les chiens répandent avec leurs excréments.

Il faut admettre une semblable contamination partout où l'homme offre des cas d'une semblable invasion du parasite. Or, les échinocoques sont fréquents dans l'Europe entière, et nos cliniques nous offrent souvent des cas de cette affection. Chez l'homme, ils se rencontrent partout, même dans le tissu osseux, particulièrement dans le foie, souvent dans le poumon, le rein, la rate et le cerveau. La présence d'un semblable kyste amène la destruction de la partie de l'organe qu'il comprime et le tissu conjonctif lui forme en général une capsule vasculaire que l'organisme place comme barrière à l'envahissement du parasite. Les symptômes de l'affection varient à l'infini ; le seul qui se rapporte à notre étude est le *frémissement hydatique* de Briançon. Si la tumeur est accessible et si on la fixe par une légère pression de la main gauche, on détermine par un coup sec de la main droite une vibration particulière et caractéristique.

La contamination par le chien étant bien démontrée, il faut éviter tout objet ayant pu recevoir les anneaux et les œufs de ce terrible parasite.

Pl. VII. *Tœnia echinococcus.*

Fig. 1. *Tœnia ecchinococcus* grossi — le trait noir, à gauche, indique la longueur réelle — la tête t, les ventouses v, le cou c, et les trois anneaux an.
Fig. 2. Disposition de la double rangée de crochets cr^1 et cr^2.
Fig. 3. L'œuf ; fig. 4, l'embryon hexacanthe ; fig. 5, l'hydatide issu de cet embryon : a cuticule, b couche germigène.
Fig. 6. Portion d'hydatide en voie de multiplication ; formation d'une *vésicule proligère* vp ; bourgeons internes ec, devenant des echinocoques ; bourgeons externes vp^1, donnant des vésicules filles.
Fig. 7. Formation de vésicules exogènes ve, à travers la cuticule.
Fig. 8. Echinocoque invaginé ; fig. 9. Echinocoque dévaginé : v, ventouses ; r, rostre, encore attachés par le pédicule p.
Fig. 10 et 11. Les mêmes après la rupture du pédicule.
Fig. 12. Coupe schématique d'un kyste à echinocoques ec, ec.
Fig. 13. Même coupe d'un acéphalocyste, ac, ac.

Tœnias rares ou exotiques.

Citons comme rares exceptions les tœnias suivants mentionnés comme parasites humains :

A. *Un seul pore génital comme dans les espèces précédentes, mais ce pore est toujours situé sur le même côté de l'anneau, il n'y a pas d'alternance :*

Tœnia nana n'a que de 1, 5 à 2 centimètres ; sa tête ne porte qu'un rang de crochets et ses anneaux mûrs contiennent un utérus non ramifié : Le Caire, Belgrade, Etats-Unis.

Pl. VIII, fig. 4 a, grandeur naturelle ; fig. 4 b, la tête t, le cou c, les premiers anneaux an ; fig. 4 c, la tête grossie montrant le rostre r, et sa couronne de crochets ; fig. 4 d, anneaux grossis, le pore génital p, occupe toujours le même côté. (Leuckart.)

Tænia madagascariensis a 10 centimètres de long et une tête armée de crochets.

Tænia flavopunctata des Etats-Unis est inerme.

B. *Deux pores génitaux latéraux :*

Tænia canina a de 15 à 35 centimètres de long. Sa tête porte *trois ou quatre rangs* de crochets; ses anneaux ont *deux pores marginaux* situés sur les deux bords de l'anneau. Son hôte habituel est le chien ; il vivrait à la phase de cysticerque dans le corps des Ricins, insectes parasites qui se fixent dans le pelage du chien.

Pl. VIII, fig. 5 *a*, la rostre r, avec ses nombreux crochets; fig. 5 *b*, l'anneau et ses deux pores p, p. (Van Beneden.)

C. *Tænia cœnurus.* — Ce tænia n'a pas été rencontré chez l'homme, il vit dans l'intestin du chien à l'état adulte et, à l'état cystique, dans les centres nerveux du mouton, provoquant l'affection connue sous le nom de *tournis*. Nous le citons à cause de sa forme cystique, le *cénure* cérébral. Le *cénure* se distingue du *cysticerque* en ce qu'il produit, comme l'*échinocoque*, de nombreuses têtes de tænia ; mais ces têtes sont produites, comme dans les cysticerques, à la surface et par le même procédé; c'est un cysticerque à têtes nombreuses.

Pl. VIII, fig. 6 *a*. Coupe d'un cénure cérébral montrant les nombreuses têtes t, t; fig. 6 *b*, détail d'une invagination contenant une tête invaginée. (Robin.)

SIXIÈME LEÇON

2. LES BOTRIOCÉPHALES.

Botriocephalus latus.

Comme les *Tænia saginata* et *Tænia solium*, le *Botriocephalus latus* vit dans l'intestin de l'homme et des divers animaux.

Les localités où on le rencontre sont proches des grands lacs de l'Europe; en Suisse, dans la région des lacs de Genève, de Neufchâtel, de Bienne et de Morat, dans la Haute-Italie, sur le littoral de la mer Baltique, dans la Finlande et la Bothnie, partout où abondent les brochets et les lottes qui servent à la transmission du parasite.

Le Botriocéphale se distingue facilement des Tænias par la disposition de ses anneaux.

Chaque anneau porte, sur *la ligne médiane* ventrale, *deux orifices*. L'un est l'orifice du cloaque génital fixé au sommet d'un petit mamelon; l'autre donne accès dans l'utérus. De ce dernier comme centre on voit diverger en étoile les culs-de-sac utérins.

La tête a la forme d'une amande, sans rostre ni crochets, deux longues fentes ou *bothridies* la caractérisent. Le Botriocéphale atteint 10 mètres de longueur.

L'anneau protégé par une cuticule et par des couches musculaires épaisses, est traversé par des petits vaisseaux sous-cuticulaires et chaque bord est suivi par un filet nerveux et par un vaisseau excréteur longitudinal.

Les organes reproducteurs forment un type moyen entre les Douves et les Tænias.

L'appareil mâle est formé par des testicules diffus répandus dans tout l'anneau comme dans les Tænias, les spermatozoïdes se réunissent dans une *citerne spermatique* qui reçoit le *canal déférent*. Celui-ci décrit des circonvolutions nombreuses, se renfle en *un bulbe* musculaire et se termine par un *canal éjaculateur* qui traverse une *poche prostatique* et aboutit au sommet d'un mamelon ou *cirrhe,* dans le *cloaque génital*.

L'appareil femelle a pour centre un large ovaire bilobé médian. L'oviducte qui en part commence par une portion renflée en pavillon et se poursuit insensiblement en un tube contourné qui forme le réservoir des œufs ou *uterus*. Cet utérus s'ouvre au dehors par un orifice médian particulier. Dans ce trajet l'oviducte reçoit le *vagin* qui part du *cloaque*, se renfle en un large *réservoir séminal* et s'effile pour atteindre l'oviducte. Plus bas, le vitelloducte s'abouche dans l'oviducte, large canal qui reçoit par deux branches volumineuses le produit de deux grandes glandes vitellines *(vitellogènes)* latérales. En ce point l'oviducte est enveloppé par un corps glandulaire (glande coquillière de Sommer, ovaire médian atrophié de Moniez). Le *cloaque génital* s'ouvre au dehors par le *pore génital*, la fécondation doit se faire comme dans les Douves et les Tænias.

Pl. VII. *Botriocephalus latus* (d'après Sommer, Moniez, Schauinsland).
Fig. 14. Tête du botriocéphale montrant les bothridies bo, bo, le cou c, les anneaux an.
Fig. 15. Coupe transversale de la tête.
Fig. 16. Anneaux mûrs vus de face: pc, orifice du cloaque génital, pn; orifice de l'utérus, tous deux sur la ligne médiane.
Fig. 17. Organes génitaux du Botriocéphale.
Appareil mâle: le cirrhe cr, le canal éjaculateur cj, traversant le prostate pr, et le bulbe musculaire b, le canal déférent cdf, s'élargissant en un réservoir s, pour recevoir les conduits des testicules t, t.
Appareil femelle: la vulve v, le vagin vg, le réservoir séminal rs. Les ovaires ov, ov, s'ouvrent dans l'oviducte ov, qui se renfle en utérus tortueux ut, ut. Cet utérus s'ouvre au dehors par un pore spécial pn. L'oviducte reçoit outre le vagin le vitelloducte vd, apportant la sécrétion des glandules vitellines gv, et la sécrétion de la glande coquillière gc.
Fig. 18. Coupe du bord de l'anneau: les vaisseaux superficiels v, v, le nerf n, le canal longitudinal c.

L'œuf expulsé se développe dans l'eau, suivant dans sa marche générale, les phases décrites chez les Tænias.

L'œuf présente sous une membrane vitelline épaissie et chitineuse, un vitellus nutritif abondant et une cicatricule.

Cette dernière se segmente et donne un embryon qui sépare de sa masse une couche périphérique qui, au lieu de donner *un manteau résistant* protecteur comme chez les Douves et les Tænias, se transforme en un *manteau cilié* assurant la progression de la larve. Sous ce manteau se développe un *embryon hexacanthe* qui abandonne le manteau quand il a pénétré dans l'hôte où il doit poursuivre son développement.

C'est dans l'intestin du brochet et de la lotte que l'embryon arrive, de là il gagne les muscles du poisson et y devient une larve allongée, à tête invaginée, mobile que Braun a nommé *Plérocercoïde*.

Les nombreuses expériences faites par Braun, à Dorpat, ont démontré que cette larve transportée de l'intestin du chien et de l'homme devenait le Botriocéphale.

C'est donc par le poisson que se fait l'infection, par les muscles soumis à une cuisson incomplète, par les viandes de poissons fumés pour le transport, et c'est le brochet et la lotte qui méritent une attention spéciale, étant signalés comme porteurs des larves du parasite.

Fig. 19 à 23. Développement de l'embryon. L'œuf a un chorion ch et un clapet cf; il contient deux vitellus vf et vn. La masse cellulaire provenant du vitellus formatif différencie un manteau périphérique cilié et devient libre Sous ce manteau se développe un *embryon hexacanthe* qui devient libre à son tour.

Fig. 24 et 25. L'embryon hexacanthe donne un *plérocercoïde* dont la tête se dévagine pour se fixer dans l'intestin de l'hôte.

Quelques espèces de Botriocéphales ont été signalées chez l'homme.

Botriocephalus cordatus, rencontré une seule fois chez une femme esquimau, dans le nord du Groënland.

Pl. VIII, fig. 7. Tête vue dorsalement ; bothridies latérales bo, bo, les anneaux suivent la tête sans intermédiaire de cou. (Leuckart.)

Botriocephalus cristatus, deux seuls exemplaires trouvés sur un enfant à Paris et sur un habitant de la Haute-Saône.

Pl. VIII, fig. 8. Les bothridies sont remplacées par la crête papilleuse cr, et les anneaux an, bordés par les cordons latéraux c, c. (Davaine.)

Botriocephalus Mansoni, trouvé une seule fois à l'état larvaire dans le péritoine, à l'autopsie d'un Chinois.

Pl. VIII, fig. 9. Larve avec son rostre saillant r. (Cobbold.)

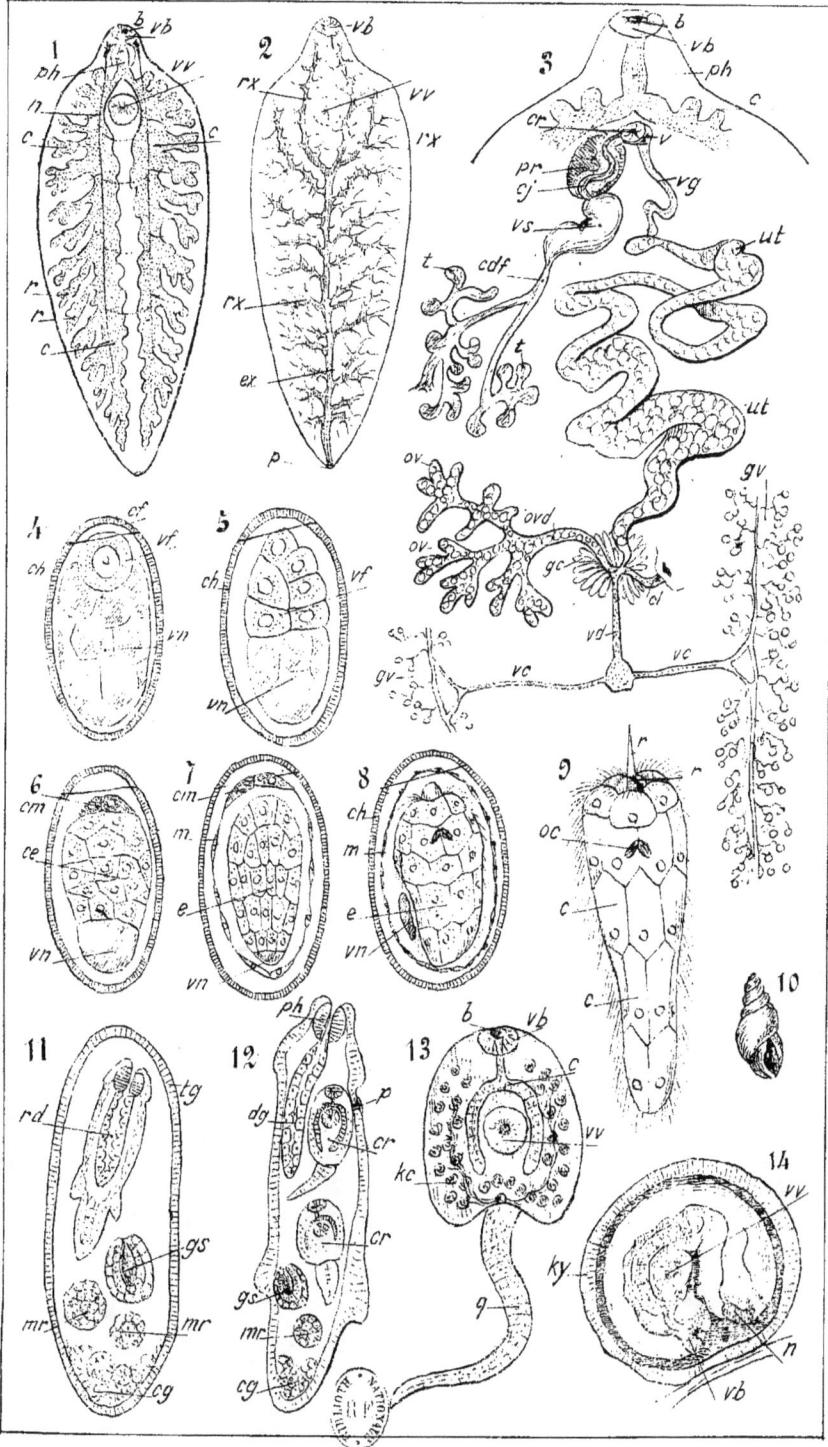

TREMATODES : *Distomum hepaticum*.

CESTODES: *Tœnia saginata*, *Tœnia solium*

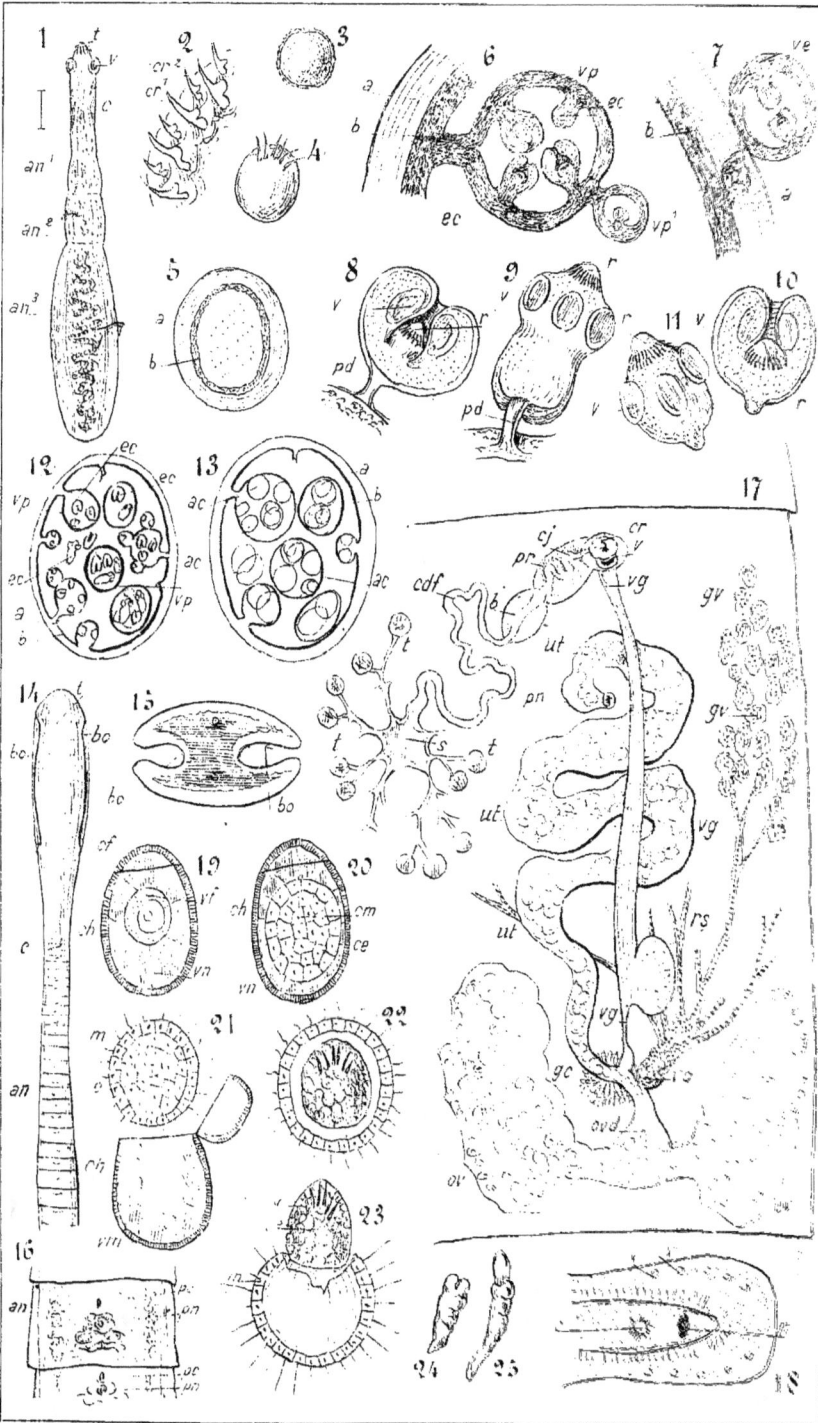

Tænia echinococcus — Botriocephalus latus

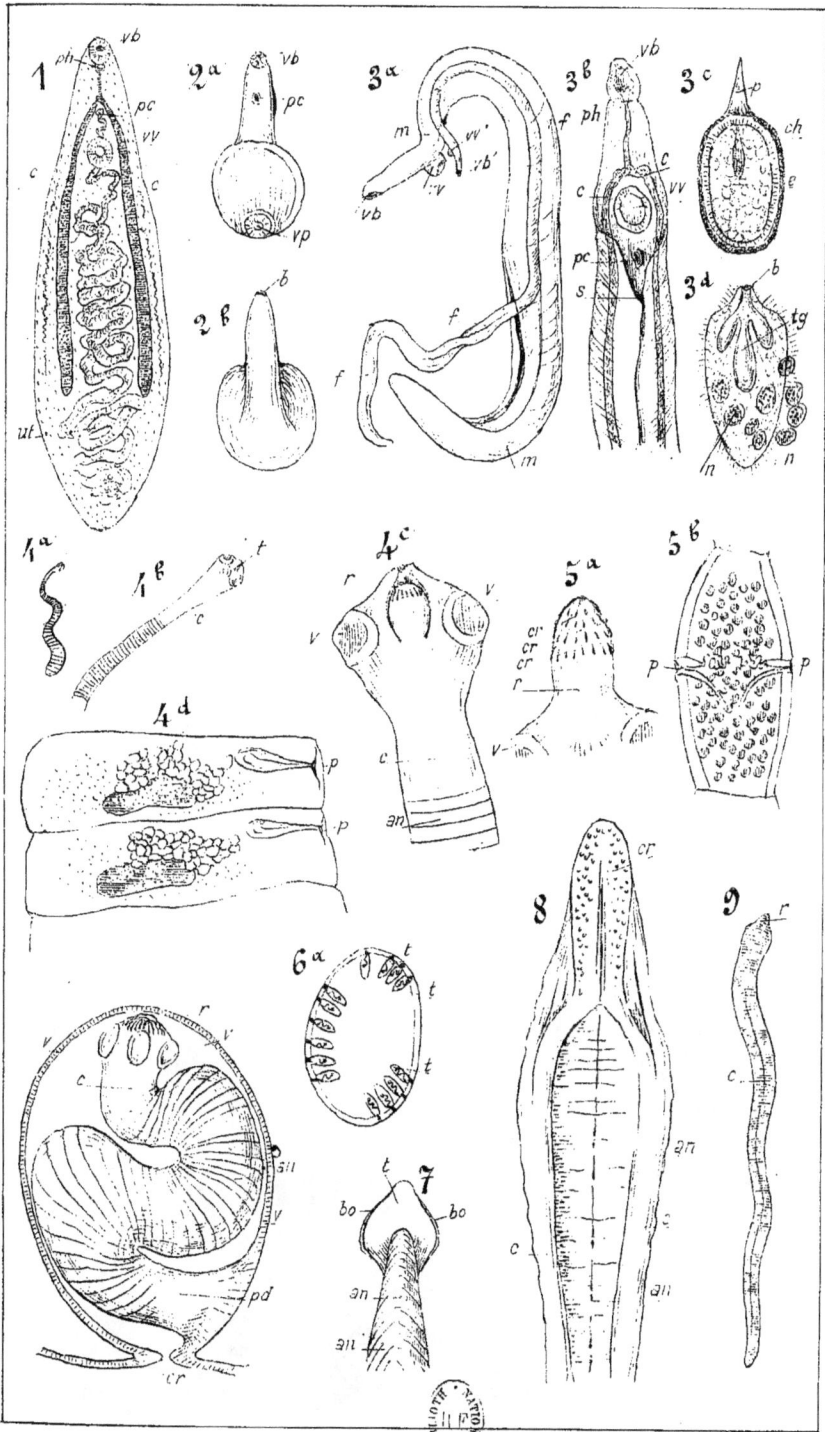

TRÉMATODES ET CESTODES DIVERS

SEPTIÈME LEÇON

—

III. Classe des Nématodes.

Les NÉMATODES s'opposent aux TRÉMATODES et aux CESTODES par la forme arrondie de leur corps. Si l'on observe à la surface une striation transversale, il n'y a jamais de division profonde du corps en anneaux et ce caractère sépare les NÉMATODES des ANNÉLIDES.

Pour prendre une idée précise du type du groupe, nous étudierons d'abord l'anatomie et le développement de l'Ascaride.

Ascaris lumbricoides.

L'Ascaride habite l'intestin de l'homme ; très fréquent chez l'enfant, il se rencontre à tout âge, plutôt dans les campagnes que dans les villes.

C'est un ver blanc, jaunâtre, cylindrique, atténué en pointe à ses extrémités. Le tégument translucide, finement strié, est rigide et laisse entrevoir quatre lignes opaques longitudinales ; l'une est *médio-dorsale*, l'autre est *médio-ventrale ;* les deux latérales sont plus larges et sont nommées : *champs latéraux*.

Les mâles mesurent de 15 à 17 centimètres. Leur extrémité postérieure est enroulée et porte un orifice d'où sortent deux spicules recourbés.

Les femelles ont de 20 à 25 centimètres. Leur corps est rectiligne, sans spicules, et l'on remarque un orifice vers le tiers supérieur du corps.

Dans les deux sexes, l'extrémité antérieure du corps porte la *bouche ;* d'autre part, on remarque un peu au-dessus de l'extrémité postérieure une fente transverse ; cette fente est l'anus, chez la femelle, tandis qu'elle est orifice cloacal chez le mâle où elle sert à l'expulsion des matières fécales, à la projection des spicules copulateurs et à l'émission du sperme. Dans la femelle, un orifice génital distinct occupe la face ventrale à l'union du tiers supérieur du corps et des deux tiers inférieurs.

Le corps est enveloppé par une *cuticule* épaisse, à couches concentriques, qui est rejetée à chaque mue. La matrice de cette cuticule est un *épiderme* à cellules fusionnées, indistinctes. Cette couche granuleuse s'épaissit pour former les *lignes* et les *champs latéraux*. Les quatre segments du corps limités par ces replis sont remplis par les *cellules musculaires*. Ce sont des éléments en massue, à manche strié, à tête élargie contenant un liquide albumineux et un gros noyau, qui s'avancent dans la cavité générale et se fixent sur les organes viscéraux. Ces éléments musculaires sont tout à fait particuliers et doivent fixer l'attention. Les vers qui les possèdent sont dits *Cœlomyaires*.

Le tube digestif commence à la bouche et se dirige en ligne droite vers l'anus. La bouche s'ouvre au milieu de trois lèvres arrondies, l'une dorsale, les deux autres ventrales. La lèvre dorsale porte deux papilles saillantes, chacune des autres ne porte qu'une seule papille.

La bouche donne accès dans un *œsophage* qu'une constriction sépare d'un *intestin* se prolongeant directement en un *rectum* terminal. L'insertion des cellules musculaires sur l'œsophage et sur le rectum délimitent ces deux parties.

La paroi du tube est formée par une enveloppe conjonctive doublée d'un *épithélium cylindrique* à cuticule canaliculée.

Les organes reproducteurs s'ouvrent, dans la femelle, par l'orifice particulier que nous avons signalé. De cette *vulve* part un *vagin* qui se bifurque en deux *utérus*. La paroi de ces utérus sécrète une matière albumineuse qui formera le chorion de l'œuf. Chaque utérus se prolonge en un oviducte où s'accumulent les spermatozoïdes après la copulation, et l'oviducte aboutit à un ovaire filiforme. L'ensemble constitue deux tubes en lacet, faisant de nombreuses circonvolutions, convergeant vers le vagin. Les œufs se forment au pourtour d'un rachis médian et sont entraînés vers l'utérus; ils s'entourent d'un double chorion, l'un plus profond est résistant, l'autre superficiel est une couche albumineuse mamelonnée. C'est à cet état que l'œuf est pondu et se rencontre dans les selles des malades possédant le parasite.

Dans le mâle on trouve un seul *tube testiculaire*, en lacet, qui se renfle en *vésicule séminale*. Un court *canal éjaculateur* s'ouvre dans le cloaque, en avant de l'intestin. C'est derrière ce dernier que se trouvent les deux poches qui servent de *gaines* aux *deux spicules*. Les spermatozoïdes sont *amiboïdes*, dépourvus de queue.

Pour la copulation, le mâle s'enroule en cor de chasse autour du corps de la femelle, transversalement, à la hauteur de la vulve, se fixe à cet orifice avec ses spicules et y déverse les spermatozoïdes amiboïdes qui remontent vers l'oviducte où se fait la fécondation.

Il n'y a pas d'appareil circulatoire; le liquide incolore qui remplit la cavité générale est déplacé par les contractions du corps. Deux *tubes excréteurs* partent de la région anale et suivent un trajet rectiligne engagé dans les champs latéraux. A un centimètre de la bouche, ils s'inclinent vers la ligne médiane ventrale, s'y rencontrent et s'unissent en un seul tronc qui s'ouvre par un *pore excréteur médian*.

Le système nerveux est constitué par un *collier* péri-œsophagien; au-dessous de l'œsophage, ce collier donne un ganglion *sous-œsophagien* d'où partent de nombreux nerfs. Les deux plus importants divergent en suivant les conduits excréteurs, se placent en dehors d'eux dans les champs latéraux et aboutissent à un *ganglion sous-anal*, triangulaire.

L'œuf, tel que nous l'avons décrit, est précieux pour le diagnostic. Il ne peut poursuivre son développement dans l'intestin de l'homme, il doit arriver au dehors et trouver dans un milieu humide, à une température douce, les conditions nécessaires. Si ces conditions ne sont pas réalisées, il reste à l'état de vie latente sans modifications ultérieures, pendant de longs mois et même pendant plusieurs années. Placé dans de l'humus arrosé, à la température de 30°, les œufs donnent en quelques semaines leurs embryons. Ceux-ci ne peuvent rompre la coque de l'œuf, il faut que cette enveloppe soit digérée par le suc gastrique et mette le jeune ascaride en liberté. C'est ce qui arrive si, avec l'eau prise en boisson, avec des fruits souillés, on introduit dans la bouche des œufs d'ascaride.

Linstow a supposé que l'œuf sorti de l'intestin de l'homme était mangé par un petit myriapode, *Iulus guttulatus*, et que l'Iule cachée dans les fruits et les légumes était à son tour introduite dans le tube digestif de l'homme, avec l'embryon du Nématode qui ne pouvait se développer que dans cet hôte intermédiaire. Les faits contredisent cette supposition.

L'Ascaride se rencontre souvent au nombre de deux à six dans l'intestin de l'homme, mais leur nombre peut être bien supérieur. Cruveilher estime à plus de 1,000 ceux qu'il trouva dans l'intestin d'une idiote, et Fauconneau-Dufresne parle d'un jeune garçon qui rendit en trois années plus de 5,000 vers.

L'Ascaride a une prédilection marquée pour l'intestin grêle, mais de là il peut s'engager dans les voies biliaires, remonter dans l'estomac, dans l'œsophage, s'introduire dans la glotte ou dans les trompes d'Eustache et causer ainsi les désordres les plus graves.

L'Ascaride est répandu dans le monde entier.

Pl. IX. Ascaris lumbricoides fig. 1 à 9. (Leuckart, Vogt.)

Fig. 1. Le mâle : la bouche b, le pore excréteur s, le cloaque cl, et les spicules sp.

Fig. 2. La femelle: la vulve v, l'anus an.

Fig. 3. Coupe transversale du ver: la cuticule ct, la ligne dorsale ld, la ligne ventrale lv, les champs latéraux cl, contenant le filet nerveux n, et le tube excréteur ex; les cellules musculaires m, saillantes dans la cavité générale ; le tube digestif td, les glandes génitales gn.

Fig. 4. Vue de la bouche b, et de ses trois lèvres dorsales ld, et latérales ll ; le collier nerveux œsophagien co, et le ganglion gn, sous l'œsophage o, l'orifice excréteur s, et les canaux qui y convergent ex, accompagnés par les nerfs descendants n,n.

Fig. 5. Appareil génital mâle: testicule t, vésicule séminale vs, canal éjaculateur cj, aboutissant au cloaque cl, le rectum r, les spicules sp, sp, dans leurs sacs pc.

Fig. 6 et 7. Appareil génital femelle: ovaire ov, oviductes ovd, utérus ut, vagin vg, vulve v, anus an.

Fig. 8. L'œuf avec son vitellus vt, et son chorion albumineux ch.

Autour de ce type se groupent les nombreuses espèces de Nématodes qui présentent une organisation générale à peu près identique. Dans les uns, l'œsophage est précédé par un *pharynx* musculeux ; dans les autres, l'organe femelle se réduit à un seul ovaire et à un seul conduit pour les œufs, dans d'autres, les éléments musculaires perdent leur forme vésiculeuse et s'aplatissent pour se superposer en couches pariétales, c'est le cas des *Platymyaires ;* mais ce sont les caractères extérieurs qui se modifient le plus profondément et permettent d'établir les familles des Nématodes : *Ascarides, Strongylides, Trichotrachelides, Filarides, Anguillulides.*

1. LES ASCARIDES.

Cette famille comprend les *Ascaris* et les *Oxyures*.

Ascaris lumbricoïdes, choisi comme type.

Ascaris mystax. — On a signalé huit fois chez l'homme la présence de cet Ascaris commun dans l'intestin du chat.

Il est plus petit que l'Ascaride (mâle : 4 à 6 centimètres ; femelle : 10 à 12 centimètres) et est caractérisée par deux *expansions aliformes* de la tête. L'œuf est plus gros et sa surface est ornée par un élégant réseau.

Pl. IX, fig. 9 : bouche b, expansions aliformes al, al. (Van Beneden.)

Ascaris maritima a la tête surmontée d'une crête; il a été vomi en une seule fois, dans le Groenland, par un jeune enfant.

L'Oxyure vermiculaire *(Oxyurus vermicularis)* est de très petite dimension, atteignant : le mâle, 3 à 5 millimètres ; la femelle 1 centimètre. Cette *petitesse* permet donc de le disdinguer immédiatement de l'Ascaride dont il possède, à la loupe, les caractères extérieurs et l'organisation profonde. Cependant, notons les différences suivantes : la tête est bordée par un bourrelet cuticulaire, les muscles sont aplatis *(platymyaire)*, le mâle ne possède qu'*un spicule* cloacal.

Pendant la première partie de sa vie, l'Oxyure habite dans l'intestin grêle; mâles et femelles s'accouplent, par le même procédé que les Ascarides, dans le cœcum; les mâles meurent alors et sont rejetés avec les fèces, et les femelles descendent dans le rectum pour y pondre leurs œufs. C'est à ce moment que le prurit insupportable occasionné par la titillation de la muqueuse appelle l'attention du médecin; c'est donc à l'orifice anal que le médecin peut recueillir les femelles fécondées qui s'accumulent souvent au point de recouvrir complètement la muqueuse. Les vers peuvent facilement passer, chez la femme, de l'orifice anal à l'orifice vulvaire et y déterminer un prurit dangereux en provoquant des habitudes d'onanisme.

Ces faits expliquent la difficulté de rencontrer les mâles que l'on trouve, à l'autopsie, cachés dans la muqueuse du cœcum et de l'appendice iléo-cœcal, et que l'examen des selles pourrait seul faire rencontrer au moment de l'accouplement, avant la descente des femelles vers le rectum.

Les œufs pondus sont très petits, ils ont 2 centièmes de millimètre en moyenne et sont protégés par une coque résistante.

C'est dans les replis de la muqueuse, à une température favorable de 40 degrés, que le vitellus de l'œuf se transforme en un embryon qui, très rapidement, prend les caractères de l'Oxyure;

mais pour que le petit ver se débarrasse de sa coque et devienne adulte, il faut que l'œuf, rejeté au dehors, revienne à l'intestin par la voie buccale. Il n'y a pas d'hôte intermédiaire, les œufs passent directement de l'anus de l'homme à la bouche de l'homme. Chez l'enfant qui, poussé par le prurit anal, se gratte la région occupée par les femelles et les œufs, la fixation sous les ongles d'œufs et même de femelles s'explique facilement et la main portée à la bouche assure le développement du ver. De même, le manque de soins de propreté de la part des personnes qui soignent les enfants conduit au même résultat. C'est donc chez l'enfant — et chez l'enfant des campagnes — que ce parasite se multiplie avec la plus grande facilité; c'est un parasite rare chez l'adulte.

Pl. IX, fig. 10 A : mâle et femelle, grandeur naturelle — B, tête de l'oxyure avec son bourrelet cuticulaire b. (Leuckart.)

HUITIÈME LEÇON

2. LES STRONGYLIDES.

1. Le Strongle géant *(Strongylus gigas)* se rencontre dans les voies urinaires de divers mammifères, il est fréquent chez le chien. On l'a observé six fois chez l'homme, enfermé dans le rein ou établi dans la vessie.

C'est un long ver, de coloration rouge; la femelle peut atteindre 1 mètre de longueur, le mâle a en moyenne 20 à 30 centimètres; le diamètre moyen est de 6 à 10 millimètres.

L'orifice buccal du Strongle est bien distinct de celui de l'Ascaride; la bouche est à six pans et porte *six nodules* saillants. La vulve est sur la ligne médiane, fortement reportée en avant; le vagin se prolonge en un tube génital *unique*. Les *organes copulateurs* du mâle sont caractéristiques : l'orifice cloacal qui reçoit le canal éjaculateur, le rectum et la poche d'où sort *un spicule* chitineux est au fond d'une *bourse* bilobée qui permet au mâle de pincer la femelle et de se fixer sur l'orifice vulvaire; le groupe copulé présente la forme d'un Y, dont le mâle constitue une des petites branches.

Les œufs pondus sont éliminés par les urines. Ils sont *ellipsoïdes*, à coque brune, chitineuse, criblée de *ponctuations* claires de formes variables; leur longueur est en moyenne de 7 centièmes de millimètre; il est important pour le diagnostic.

L'œuf, lors de son expulsion, contient un embryon fusiforme qui peut attendre cinq années sans périr les conditions favorables à son développement ultérieur. Les expériences tentées jusqu'à ce jour (Balbiani) n'autorisent aucune conclusion sur la façon dont évolue cet embryon. Peut-être passe-t-il par les tissus de divers poissons pour être ingéré avec eux par les mammifères ichthyophages. (Schneider et Leuckart?)

Pl. fig. 1 A: orifice buccal b, avec les six nodules n,n ; la vulve v. — B, extrémité du corps de la femelle, l'anus an. — C, extrémité du corps du mâle, la bourse bb, l'orifice cloacal cl, le spicule sp. — D œuf. (Leuckart, Balbiani.)

Le *Strongulus longevaginatus*, décrit par Leuckart, a été observé une seule fois dans les poumons d'un enfant, en Transylvanie.

C'est un ver dont le mâle n'a que 1 centimètre 5, et porte *deux spicules* dans sa bourse caudale, et dont la femelle, de 2 centimètres 5, est caractérisée par la *vulve*, située immédiatement en avant de l'anus et précédant une pointe chitineuse aiguë.

Est-ce à la larve de ce Strongle que se rapportent les larves trouvées par Raincy dans le larynx d'un autopsié et dénommées : *Filaria trachealis?*

Pl. X, fig. 2. Extrémité du corps de la femelle ; vulve v, anus an, la pointe n.

2. L'Ankylostome duodénal *(Ankylostoma duodenale)* est au Strongle, par sa taille, ce que l'Oxyure est à l'Ascaride.

C'est un petit ver dont le mâle atteint 1 centimètre et la femelle 1 centimètre 5. Avec cette différence de taille, l'Ankylostome présente les caractères du *Strongylus longevaginatus*. L'extrémité inférieure du mâle s'élargit en une *bourse* caudale au fond de laquelle s'ouvre le cloaque et une double poche spiculaire d'où sortent *deux spicules* effilés. Le corps de la femelle se prolonge en une pointe chitineuse, et la vulve, tout en restant séparée de l'anus, occupe le tiers postérieur du corps.

Ce qui oppose les Ankylostomes aux Strongles, c'est la capsule buccale caractéristique ; les six nodules absents sont remplacés par *six dents chitineuses* mobiles à l'entrée d'un large suçoir : deux dents sont dorsales, deux latérales et les deux autres, plus profondes constituent les lames ou scies pharyngiennes.

C'est à l'aide de cet appareil que l'Ankylostome attaque les villosités intestinales qu'il attire par succion dans la capsule, et qu'il pratique une saignée continue sur la muqueuse ainsi attaquée.

L'Ankylostome habite le duodénum et la partie antérieure de l'intestin grêle; il peut se multiplier de la façon la plus étonnante, et Leichtenstern évalue à 4,216,930 le nombre des œufs contenus dans une seule selle de 223 grammes d'un de ses malades. Lorsque le nombre des vers devient considérable, les petites saignées pratiquées par chacun d'eux finissent par représenter une soustraction importante de sang et une anémie rapide est le fait de l'accumulation, sur la muqueuse, de ces parasites. Or, c'est parmi les ouvriers mineurs, parmi les travailleurs obligés de vivre dans des espaces restreints, favorables à la contamination, que l'Ankylostome exerce ses ravages, et *l'anémie des mineurs,* devenue *l'ankylostomasie,* n'a pas d'autre cause effective.

L'accouplement se fait en Y, comme pour les Strongles, et les femelles fécondées pondent les œufs qui sont rejetés avec les matières fécales. L'œuf ne peut, en effet, poursuivre son développement dans l'intestin de l'hôte; il doit arriver au dehors, dans la terre humide. A une température moyenne de 20 degrés, l'œuf évolue en quinze jours et l'éclosion de l'embryon a lieu. Cet embryon a la forme d'une anguillule, à queue effilée; il vit des débris organiques qui l'entourent, abandonne son tégument, en modifiant son organisation profonde, et s'enkyste d'une façon toute spéciale. En effet, la larve s'entoure d'une peau nouvelle et s'agite dans sa vieille peau qui forme une coque protectrice résistante. A cet état, la larve est apte à se développer dans l'intestin de l'homme.

Que le tuyau d'une pipe posée sur le sol, que du pain souillé de boue apporte à la bouche de l'ouvrier la larve enkystée, le kyste se dissout, et la larve, arrivée dans l'intestin, mue une dernière fois et prend les caractères de l'adulte. Dès lors, elle se fixe et se gorge de sang, elle grandit, forme ses organes génitaux et la copulation assure le développement des œufs que la femelle pond en abondance.

L'œuf est important pour le diagnostic, car les vers adultes sont rarement rejetés; il rappelle l'œuf d'Oxyure, elliptique comme lui, avec coque résistante, mais il est plus gros, ayant 5 à 6 centièmes de millimètres dans son grand diamètre.

Pl. X, fig. 3 A : a, mâles; b, femelles, grandeur naturelle. — B, capsule buccale montrant les dents d, et les scies pharyngiennes sp. — C, extrémité du corps du mâle, la bourse b, et les deux spicules sp. (Schulthess.)

3. LES TRICHOTRACHELIDES.

Les Trichotrachelides s'opposent aux Ascarides et aux Strongylides par la forme si particulière de leur corps. L'extrémité antérieure s'effile pour porter une bouche punctiforme sans nodules et sans appareil chitineux. Deux espèces de cette série sont intéressantes pour le médecin : le Tricocéphale et la Trichine.

1. Le Tricocéphale (*Tricocephalus hominis*) vit dans le cœcum son appendice et dans la portion voisine du gros intestin. Il est surtout fréquent chez le jeune homme et l'on a compté jusqu'à 1,000 parasites sur le même individu; mais en général on le rencontre en petit nombre. Cet un ver en général inoffensif, qui nécessite rarement une intervention médicale.

Ce ver présente au maximum les caractères de la famille. Le corps est formé de deux parties inégales : à partir de la bouche, la région antérieure a la finesse d'un fil, puis la région postérieure se renfle brusquement et se termine par l'anus. La partie mince contient seulement l'œsophage, la partie renflée renferme les autres viscères. L'anatomie de ce ver est très voisine de celle de l'Ascaride.

Le mâle, qui a 3 à 4 centimètres de longueur, projette hors du cloaque *un seul spicule* enveloppé à sa base par un prépuce avec épines chitineuses.

La femelle, dont la taille varie de 4 à 5 centimètres, n'a qu'un

seul tube génital qui aboutit à une vulve garnie d'épines chitineuses qui s'évaginent pendant l'accouplement. Le mâle s'enroule
autour de la femelle pour la copulation.

Les œufs fécondés s'accumulent dans l'utérus et sont pondus.
L'œuf est allongé, ayant dans son plus grand diamètre 5 centièmes de millimètre. La coque porte à chaque pôle un bouton
brillant caractéristique.

L'œuf se développe dans l'eau, mettant, comme celui de l'Ascaris, un long temps, souvent un an, pour se développer. L'œuf,
renfermant un embryon mûr, doit arriver dans l'estomac où la
coque est dissoute, ce qui permet au jeune Tricocéphale de s'installer dans le cœcum et d'y poursuivre son développement.

Pl. X, fig. 4 A : a, le mâle ; b, la femelle, grandeur naturelle. — B, le mâle
grossi, montrant la bouche b ; la portion effilée f, la partie renflée g, le spicule sp. — C, les œufs avec les boutons brillants n,n. (Blanchard, Eichhorst.)

2. La Trichine *(Trichina spiralis)* adulte est fréquente dans
l'intestin du porc ; c'est le plus petit de nos parasites. Le mâle ne
dépasse pas en longueur 1 millimètre 5 et la femelle n'a que 3 à
4 millimètres.

Le corps de ces vers s'effile pour aboutir à la bouche simple qui
termine cette région antérieure. Malgré leur petitesse, les organes internes répètent les dispositions internes du Tricocéphale,
mais ici le mâle se termine par une pince bilobée rappelant la
bourse des Strongylides, et l'accouplement se fait en Y, comme
dans ces parasites ; il n'y a pas de spicule.

L'accouplement se fait avant que l'animal ait atteint sa plus
grande taille ; le sperme est déposé dans l'oviducte, c'est là que
les œufs descendant de l'ovaire sont fécondés avant de pénétrer
dans l'utérus. Les œufs s'accumulent dans cet organe et aussitôt
leur développement commence ; en quelques jours les embryons
sont formés, rompent la membrane vitelline et s'échappent par la
vulve. La Trichine est donc *vivipare*. Pendant cinq ou six semaines la femelle émet des larves nouvelles, soit environ 400 embryons pendant cette période, puis elle meurt ; le mâle a disparu
après la fécondation.

L'embryon mis en liberté a à peine 1 centième de millimètre ; il
est lancéolé, à tête arrondie, à queue effilée ; il traverse bientôt
l'intestin pour aller à la recherche du lieu où il doit se fixer. Les
muscles sont le lieu d'élection et c'est aux muscles les plus proches, diaphragme, intercostaux, muscles thoraciques qu'il se fixe
en plus grande abondance. Il cherche entre les fibres musculaires,
dans le tissu cellulaire, l'endroit approprié ; il s'arrête et provoque
par son irritation de présence la formation d'un kyste adventif
aux dépens des tissus qui l'entourent. C'est là que le ver grandit,
grossit, forme ses organes internes et même les cordons génitaux
qui deviendront les glandes reproductrices de l'adulte.

Dix Trichines femelles fécondées donnant 4,000 embryons et
cent en fournissant 40,000 en quelques semaines, on conçoit que
l'animal qui porte des Trichines adultes ait ses muscles rapide-

ment envahis par les embryons et remplis par ces petits kystes dont la présence caractérise la *trichinose*.

Or, c'est l'introduction de ces kystes dans l'estomac d'un autre animal qui provoquera la dissolution de la paroi et la mise en liberté des jeunes Trichines qui bientôt pondront des embryons et donneront la trichinose à l'animal envahi. Il est donc nécessaire de savoir retrouver ces kystes dans la viande contaminée, de savoir déterminer leur nature pour affirmer le caractère dangereux de telle ou telle viande de porc, car l'homme, comme le porc, offre un terrain favorable au développement du parasite et de ses larves, et les kystes du porc donnent la trichinose à l'homme.

C'est dans les muscles, dans le tissu cellulaire et même dans le tissu adipeux qu'on trouvera ces petits kystes mesurant dans leur plus grand diamètre 3 à 8 centièmes de millimètre; la paroi est épaisse, stratifiée et dans la masse interne granuleuse est le petit ver qui, dans le muscle froid, est enroulé sur lui-même. On pourra rencontrer des kystes reliés en chapelets et même, dans certains cas, il y a fusionnement de kystes en un seul contenant alors plusieurs jeunes Trichines.

Enfermée dans son kyste, la jeune Trichine arrivée à sa grosseur, tombe en vie latente et peut attendre ainsi 5, 10, 20 ans, dit-on, sans perdre la possibilité de poursuivre son développement dans l'intestin d'un nouvel hôte. Cependant, plus tôt ou plus tard, la mort du ver arrive et le kyste subit la transformation calcaire.

Que la viande contenant ces kystes arrive dans l'estomac, viande et kystes sont digérés et les jeunes Trichines n'ont qu'à grandir, qu'à s'accoupler pour donner les larves envahissantes qui vont gagner les muscles, comme nous l'avons indiqué.

Le porc, l'homme et le rat sont des hôtes favorables au développement de la Trichine et à la manifestation de la trichinose. C'est le porc qui fournit les kystes qui déterminent la trichinose humaine. Il fournit de même les kystes qui, de porc en porc, par suite du peu de soin donné à l'alimentation de ces animaux, entretient la transmission de ces terribles parasites.

Dans ces conditions, l'examen des viandes de porc s'impose et la prohibition absolue de toute viande suspecte peut seule empêcher la trichinose humaine, car le kyste est une enveloppe protectrice qui assure la persistance de la vie de la Trichine contenue, malgré le salage et le fumage des viandes, malgré une température de +70° et de +80° et de —22° et —25°. Si nous nous souvenons qu'il faut six heures de cuisson dans l'eau bouillante pour porter le centre d'un jambon à +70°, nous n'avons que la prohibition pour lutter contre ces épidémies. L'Allemagne et l'Amérique ont payé un large tribut à la trichinose; nous n'avons heureusement à enregistrer en France que les quelques cas de Crépy-en-Valois (Oise), et nous devons féliciter l'Administration des mesures rigoureuses qui nous ont jusqu'ici préservés.

Pl. X, fig. 5. — A, Trichines de grandeur naturelle. — B. le mâle avec sa pince copulatrice pc. — C, la femelle. — D, larve l, émigrant dans les muscles. — E, jeune trichine enroulée tc, dans son kyste k; muscle m. (Chatin.)

NEUVIÈME LEÇON

—

4. LES FILARIDES.

Les Filaires se distinguent des formes précédentes par leur extrémité céphalique renflée, portant autour de la bouche un *écusson chitineux* avec un nombre variable de papilles, par leur corps très allongé, grêle, *filiforme*, et par leur extrémité caudale *s'atténuant en pointe*.

1. Le Dragonneau ou Filaire de Médine *(Filaria Medinensis)* est très répandu dans toute l'Arabie; de ce pays, comme centre, il s'étend sur l'Asie jusqu'au Gange, dans le Turkestan, et, en Afrique, il couvre l'Éthiopie, l'Égypte, le Haut-Sénégal et la Guinée. Il fut introduit dans l'Amérique du Sud par les nègres d'Afrique vendus comme esclaves.

Ce ver apparaît dans des abcès, plus fréquents aux jambes et aux pieds, et l'ouverture de la tuméfaction montre le ver pelotonné, s'enfonçant plus profondément entre les muscles. Le ver étant découvert, son extrémité est saisie dans la fente d'une baguette et, peu à peu, par des tractions ménagées on peut arracher le ver de son trajet profond. Dès lors, la plaie se cicatrise rapidement; mais si le ver se rompt, des complications graves peuvent survenir.

Le ver ainsi extrait est toujours une *femelle adulte*. Il a en moyenne 50 à 80 centimètres.

L'Écusson céphalique porte huit papilles sensorielles et le corps est rempli par les deux utérus énormes confluents en un tube unique, gorgés de myriades d'embryons, et qui ne communiquent pas par un vagin avec l'extérieur; c'est donc par rupture de la paroi du corps — si fréquente pendant l'extraction du ver — que doit se faire la mise en liberté des embryons.

Ces embryons ont 5 à 6 dixièmes de millimètre, ils sont cylindriques, à prolongement caudal effilé, roulés sur eux-mêmes dans l'utérus, protégés par une cuticule épaisse.

Fedchenko, pendant un voyage au Turkestan, a démontré que ces larves, entraînées par les eaux pluviales dans les mares contenant des Cyclopes, trouvaient dans ces petits crustacés l'hôte nécessaire à leur développement. C'est dans le petit crustacé que l'embryon mue et donne une larve à queue courte, munie de trois pointes, contenant des masses génitales rudimentaires.

Ce sont ces larves qui sont introduites en même temps que les Cyclopes dans le tube digestif, lorsque l'homme est réduit à boire les eaux stagnantes de la région. Que se passe-t-il alors? En l'absence d'observations précises, les suppositions sont seules permises. Il semble probable que ces larves deviennent adultes dans l'intestin; les mâles — encore inconnus — fécondent les femelles et disparaissent dans les selles, et les femelles fécondées émigrent vers le tissu cellulaire sous-cutané où elles se retrouvent dans les tuméfactions purulentes avec les utérus gorgés de larves.

Pl. XI, fig. 1. A, Filaire extraite d'un abcès, enroulée sur une baguette. — B, tête de la Filaire avec l'écusson céphalique ec, et les huit papilles p, p. — C, coupe transversale de la Filaire montrant, sous le tégument tg, le tube digestif tg, rejeté latéralement par l'utérus ut, rempli d'embryons libres c.— D, aspect de l'embryon grossi avec sa queue effilée. — E, embryons transformés en larves dans le corps d'un Cyclope. (Fedchenko, Leuckart.)

2. **Filaire du sang humain** *(Filaria sanguinis hominis)*. Ce parasite est fréquent au Bengale, en Chine, au Japon, à Formose ; on l'a observé en Egypte, en Australie, en Amérique.

Cette Filaire habite à l'état adulte les vaisseaux sanguins et lymphatiques ; les individus observés ont été retirés d'abcès lymphatiques ou trouvés à l'autopsie dans les vaisseaux et même dans le cœur.

Le mâle est un fil blanchâtre de 8 centimètres, s'atténuant de la tête à la queue ; la femelle peut atteindre 15 centimètres ; elle possède deux utérus s'ouvrant au dehors par une vulve. Cet orifice permet la sortie d'œufs plus ou moins développés et souvent d'embryons éclos dans le vagin. Œufs ou embryons sont entraînés par la lymphe et les œufs se développent rapidement en embryons.

Ces embryons ont 2 à 3 dixièmes de millimètre, ils ont une queue effilée et se meuvent en ondulant. Pendant le jour, pendant la période d'activité de l'hôte, ils se retirent dans les gros vaisseaux ; mais, pendant le sommeil de l'hôte, ils envahissent les vaisseaux périphériques et la moindre piqûre permet alors d'extraire une goutte de sang remplie d'embryons.

C'est pendant la nuit que la femelle du Moustique vient aspirer le sang de l'homme ; si elle s'attaque à un malade atteint par la Filaire, elle aspire avec le sang les embryons. Le Moustique est l'hôte intermédiaire nécessaire aux transformations de ces derniers.

Arrivée dans l'estomac du Moustique, la larve remonte dans l'œsophage pour éviter l'action nocive des sucs digestifs, puis elle se raccourcit et devient immobile, attendant des conditions nouvelles d'existence. La maturation des œufs du Moustique le conduit vers les flaques d'eau où il pond et meurt, laissant son cadavre aux parasites affamés. Aussitôt les larves s'allongent, s'agitent, dévorent les restes du Moustique et se mettent à nager dans l'eau où l'homme insouciant les prendra et les introduira dans son tube digestif. Là, la Filaire devient adulte et gagne les vaisseaux lymphatiques ou sanguins voisins.

Le nombre des embryons vivant dans le sang d'un malade atteint de *filarose* est incalculable ; ils provoquent des engorgements ganglionnaires profonds. D'après Manson, les troubles lymphatiques superficiels déterminent l'*elephantiasis des Arabes ;* leur rejet se fait par la voie urinaire avec *hématurie* ou *chylurie*, les urines renfermant dans ce dernier cas, outre les embryons, une émulsion graisseuse analogue au chyle. Des accumulations d'embryons, le transport des adultes peut amener l'obstruction des gros troncs vasculaires et entraîner la mort.

Pl. XI, fig. 2. A, femelle, grandeur naturelle. (Cobbold.)

3. Filaires rares ou peu connues :
Filaria inermis de l'âne; trois cas observés chez l'homme.
Filaria oculi humani, décrite par Nordmann, signalée d'une façon incomplète par quelques observateurs.
Filaria Loa, spéciale à la côte occidentale de l'Afrique, vit sous la peau des doigts, des paupières, sous la conjonctive; mal connue.
Filaria restiformis, une seule description de J. Leydy.
Filaria labialis, décrite par Pane; une seule observation.
Filaria lymphatica, observée deux fois à l'autopsie dans les ganglions lymphatiques.

5. Les Anguillulides.

Les Anguillules ont le corps cylindrique, atténué en pointe aux deux extrémités ; la bouche est dépourvue d'armature chitineuse.
1. L'Anguillule de la diarrhée de Cochinchine *(Anguillula stercoralis)* est la plus intéressante du groupe.
Cette Anguillule fut rencontrée par le docteur Normand, en 1876, dans les selles de soldats revenant de Cochinchine, avec la diarrhée contractée dans cette colonie.
Les selles des malades contiennent des vers microscopiques en nombre incalculable; si on les place dans l'eau à une température de 25 à 30 degrés, ces vers muent, grandissent, prennent des organes génitaux et se présentent comme des mâles et des femelles d'une petite Anguillule *(Anguillula stercoralis)* ayant, les mâles, 7 dixièmes de millimètre; les femelles, 1 millimètre de longueur. L'accouplement se fait en cor de chasse, comme chez les Ascarides, et le mâle utilise deux spicules pour se fixer à l'orifice femelle. Le développement des œufs est plus ou moins complet dans l'utérus et la femelle pond des œufs ou des embryons. Ces embryons muent et donnent des larves qui rappellent par leur forme de petites Filaires ; ces larves sont inaptes à vivre dans l'eau, elles doivent pour continuer leur développement pénétrer dans le tube digestif de l'homme.
C'est sans doute par les légumes non cuits, arrosés avec les eaux peuplées d'Anguillules, que se fait le transport de cette dernière larve et sa pénétration dans l'intestin de l'homme. L'emploi constant d'eau filtrée n'empêche pas la présence de ces larves dans l'intestin et elles doivent arriver par une autre voie.
Dans l'intestin, chaque larve devient adulte et donne une forme nouvelle très semblable à une Filaire. La glande génitale est toujours femelle et il faut admettre que les œufs se développent, par parthenogénèse, sans fécondation. Les cinq ou six œufs contenus dans l'utérus sont pondus et donnent dans l'intestin les pe-

tites larves que nous avons décrites dans les selles des diarrhéïques. Bavay, qui le premier étudia ces formes, considéra ces
femelles intestinales comme une espèce distincte, *Anguillula intestinalis*; mais les recherches de Grassé ne laissent aucun doute
sur l'alternance de ces deux formes qui doivent être comprises
comme deux phases successives de l'évolution d'une seule et
même espèce.

Ce parasite est-il la véritable cause de la diarrhée de Cochinchine? Il est permis d'en douter, car on a trouvé l'Anguillule
dans les selles de beaucoup d'Européens non malades et, d'autre
part, le parasite s'est trouvé absent des selles de nombreux diarrhéïques; l'affection prédisposerait simplement l'intestin à devenir
un milieu plus favorable au développement du parasite. L'Anguillule, comme le *Balantidium coli*, semble devoir céder le pas à
des bactéries pathogènes.

Pl. XI, fig. 3. A, aspect de la forme *stercoralis* dans les selles. — B, la larve
grossie. — C, a, femelle adulte; b, mâle adulte. — E, œuf contenant un
embryon développé. — E, larve libre de la forme *intestinalis*. — F, adulte
provenant de cette larve portant toujours des œufs o, o. — G, région des
œufs, grossie. — H, larve développée dans ces œufs donnant la forme *stercoralis*. (Bavay.)

Anguillula terricola et *Anguillula pellio*, qui vivent normalement dans la terre humide, ont été trouvés, le premier dans un
cadavre inhumé depuis un mois, le second dans les urines d'une
pleuro-pneumonique (?).

Anguillula Niellyi, décrite par Nielly, à l'état de larve, dans
une papulose, observée chez un jeune mousse.

Signalons pour terminer les Anguillules, parasites des végétaux :

Anguillula Tritici remplit, à l'état de larves, les grains de blé,
tombe avec eux à l'automne, et, après une phase de vie latente, se
réveille pour s'attacher aux plantules sortant de terre. Au printemps, elles deviennent adultes, s'accouplent et les larves envahissent les fruits.

A. Schachtii s'attaque aux racines des betteraves, du blé, de
l'orge.

DIXIÈME LEÇON

IV. Classe des Annélides.

Les ANNÉLIDES ont le corps arrondi comme les NÉMATODES, mais le corps, au lieu d'être continu, est découpé en *anneaux* ou *zoonites*, et chaque anneau est, quant à son allure extérieure et ses dispositions anatomiques internes, une répétition de l'anneau qui le précède et de celui qui le suit. L'animal a donc l'aspect d'une colonie linéaire d'individus devenus zoonites. Seuls les anneaux qui occupent la région antérieure de l'animal se modifient, devenant les anneaux directeurs dont l'ensemble constitue la tête.

Les Annélides se divisent en sous-ordres :

1. Les unes sont munies de ventouses et toujours dépourvues de soies : *Discophores ;*

2. Les autres ne portent pas de ventouse, mais ont des soies sur le corps : *Chétopodes.*

Le sous-ordre des *Discophores* comprend les *Hirudinées* ou Sangsues qui nous intéressent particulièrement. Les *Chétopodes* sont formés par la réunion d'espèces terrestres ou des eaux douces, à soies peu nombreuses : *oligochètes* (ver de terre, limicoles), et d'espèces marines portant des mamelons ou parapodes couverts de soies : *polychètes.*

LES HIRUDINÉES.

La Sangsue *(Hirudo medicinalis)* est longue de 10 à 20 centimètres, large de 12 à 15 millimètres. Elle est très variable quant à sa couleur ; ordinairement grise avec six bandes dorsales plus sombres, elle peut passer au vert olivâtre avec des bandes rousses et donner une variété longtemps décrite comme espèce sous le nom de *H. officinalis.*

Sangsue grise ou sangsue verte ont la même organisation (1). De fins sillons transverses déterminent une striation superficielle qui ne correspond point à la division profonde en anneaux.

Fig. 1. Le corps se termine en avant par une *ventouse* ovalaire vo, disposée en entonnoir au fond duquel s'ouvre la *bouche* b, trilobée. En arrière, il se fixe par un pied rétréci à la ventouse postérieure vp, circulaire, imperforée. C'est sur le pédicule, dorsalement, que se trouve la fente transversale de l'*anus.*

La Sangsue est hermaphrodite ; sur sa face ventrale on trouve, sur la ligne médiane, deux orifices superposés. Le plus antérieur est l'*orifice génital mâle* om, qui laisse souvent échapper le *pénis* p ; plus en arrière est l'*orifice génital femelle* v. Sur les deux bords latéraux de cette face s'ouvrent, espacés régulièrement, les *pores urinaires* s, s.

(1) Pour tous les détails anatomiques concernant la *Sangsue* et les renseignements pour la dissection de l'animal, consultez mes *Manipulations de Zoologie.* J.-B. Baillière et fils, Paris, 1889.

Fig. 2. La bouche porte trois mâchoires denticulées m, m, l'une dorsale, les autres latérales divergentes qui laissent sur la peau une cicatrice à trois branches caractéristiques.

Fig. 3. Ces mâchoires entament le tégument et ont la forme d'un couperet avec lame denticulée a, et manche b.

Fig. 4. Le tube digestif commence par un *pharynx* musculeux ph ; un œsophage o, rectiligne mène à l'estomac e, formé de dix *chambres* valvulées, chacune d'elles se prolongeant latéralement en deux *cœcums* c, c ; un *rectum* r, mène à l'*anus* dorsal an. On remarque sur le bord de la ventouse les points oculiformes oc.

Lorsque la plaie du tégument est pratiquée, les mâchoires se rapprochent et font l'effet d'un piston pour chasser le sang vers l'œsophage ; le sang s'accumule dans l'estomac et ses cœcums ; une Sangsue de forte taille peut emmagasiner *16 grammes* de sang. L'écoulement de sang qui continue après la chute de la Sangsue peut être estimée à une quantité égale ; le médecin doit donc calculer, pour une application de sangsues, que chacune d'elles enlèvera environ 30 grammes de sang au malade. La Sangsue gorgée tombe en torpeur, elle met de six mois à un an pour digérer le sang contenu dans son estomac.

Fig. 5. Au-dessous du tube digestif on trouve, sur la ligne médiane, les *organes reproducteurs* gm, gf, latéralement les *organes urinaires* dits *segmentaires* s, s, parce qu'il y en a une paire dans chaque zoonite ou segment de l'animal, et, sur la ligne médiane, le système nerveux. Celui-ci se compose de deux *ganglions cerbroïdes* gc, occupant la région dorsale de l'œsophage et servent de point de départ à un *collier œsophagien* avec volumineux ganglions *sous-œsophagiens* gso ; la chaîne ventrale comprend dix-neuf groupes ganglionnaires g, g, et se termine par un *ganglion anal* ga.

Fig. 6. L'*appareil génital mâle* comprend deux lignes de *neuf testicules* t, t, dont les conduits séminaux se rendent dans deux *canaux déférents* cdf, longitudinaux. Chacun de ces canaux se pelotonne en épididyme ep, et se jette dans une *vésicule séminale* vs, commune, d'où part le *canal éjaculateur* cj, ce canal s'ouvre au sommet d'un *pénis* p, qui est enfermé dans sa *gaîne* n, ou projeté au dehors pour la fécondation.

L'*appareil femelle* se compose de deux ovaires ov, ov, convergeant vers un *oviducte* ovd, glandulaire gl, d'un *utérus* ut, et d'un court *vagin* vg, aboutissant à la *vulve* v.

Fig. 7. Les organes segmentaires sont au nombre de 17 de chaque côté. Un organe complet comprend un *pavillon* p, une *glande* en fer à cheval gl, un *canal segmentaire* cs, et une *vésicule* v, qui rejette le liquide excrété par le *pore* p, correspondant.

Fig. 8. La Sangsue possède un sang à sérum coloré en rouge, contenu dans des vaisseaux. Sur la coupe, on trouve un vaisseau dorsal vd, un vaisseau ventral vv, qui contient la chaîne nerveuse n, et deux vaisseaux latéraux vl, vl, qui s'envoient des ramifications anastomotiques.

L'accouplement des Sangsues est réciproque ; deux individus se rapprochent ventre à ventre et en sens inverse, se fécondent en même temps. Après l'accouplement, la Sangsue s'enfonce dans la terre humide et s'enveloppe d'une bave épaisse qu'elle émet par la bouche ; la région qui comprend les orifices sexuels et qu'on nomme le *clitellum* sécrète un liquide qui se condense sur le tout en pellicule solide. C'est sous cette enveloppe que la Sangsue pond ses œufs ; lorsque la ponte est terminée, la Sangsue se retire lentement de sa gaîne et termine le *cocon* en l'entourant d'une nouvelle couche de bave. C'est dans le cocon ainsi enfoncé dans la terre humide que se fait le développement des œufs.

La Sangsue, un peu délaissée, vit dans nos mares et nos ruisseaux; elle est encore l'objet d'une culture régulière. Les Sangsues sont nourries dans des bassins où l'on promène pendant le jour des chevaux hors de service et passent de là dans des bassins de dégorgement où elles sont soumises au jeûne qui les rend aptes à être utilisées. Les Sangsues se conservent bien dans un vase à moitié rempli de terre argileuse recouverte de mousse que l'on arrose souvent; le vase est fermé par une simple toile. Des lotions d'eau tiède sur la peau où doivent être appliquées les Sangsues sont nécessaires; on peut dégorger les Sangsues en les recouvrant de sel ou en les plongeant dans de l'eau vineuse.

———

La Sangsue truite (*Hirudo troctina*) porte six rangées de petites taches noires cerclées de rouge. Originaire du nord de l'Afrique, elle était beaucoup employée dans le sud de la France.

La Sangsue de cheval ou Voran *(Hirudo sanguisuga)* de nos eaux douces, s'introduit souvent dans la bouche, le pharynx et même le larynx des animaux domestiques. Les mâchoires sont faibles, mais la ventouse est très adhérente.

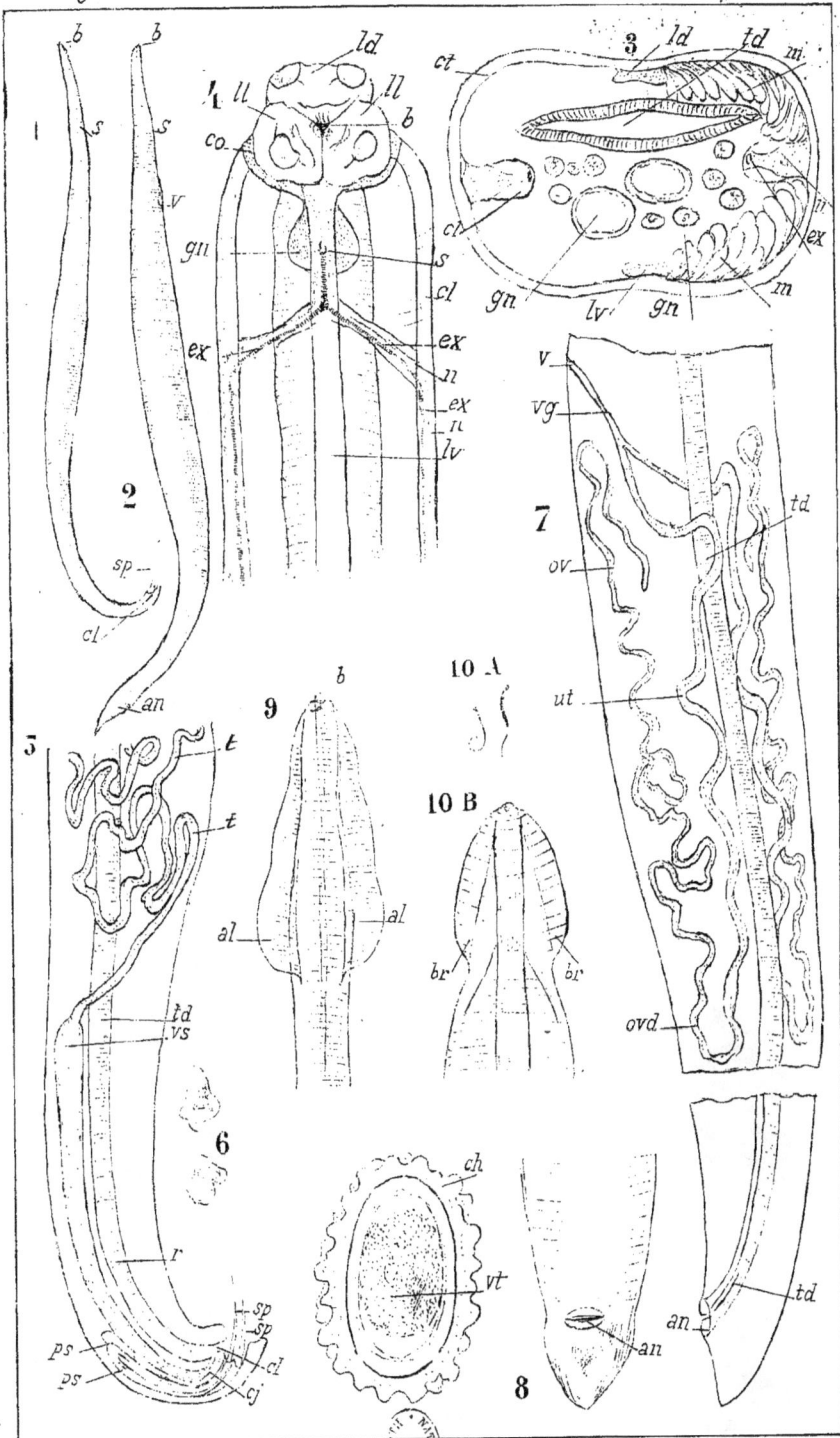

NEMATODES: *Ascaris - Oxyure*

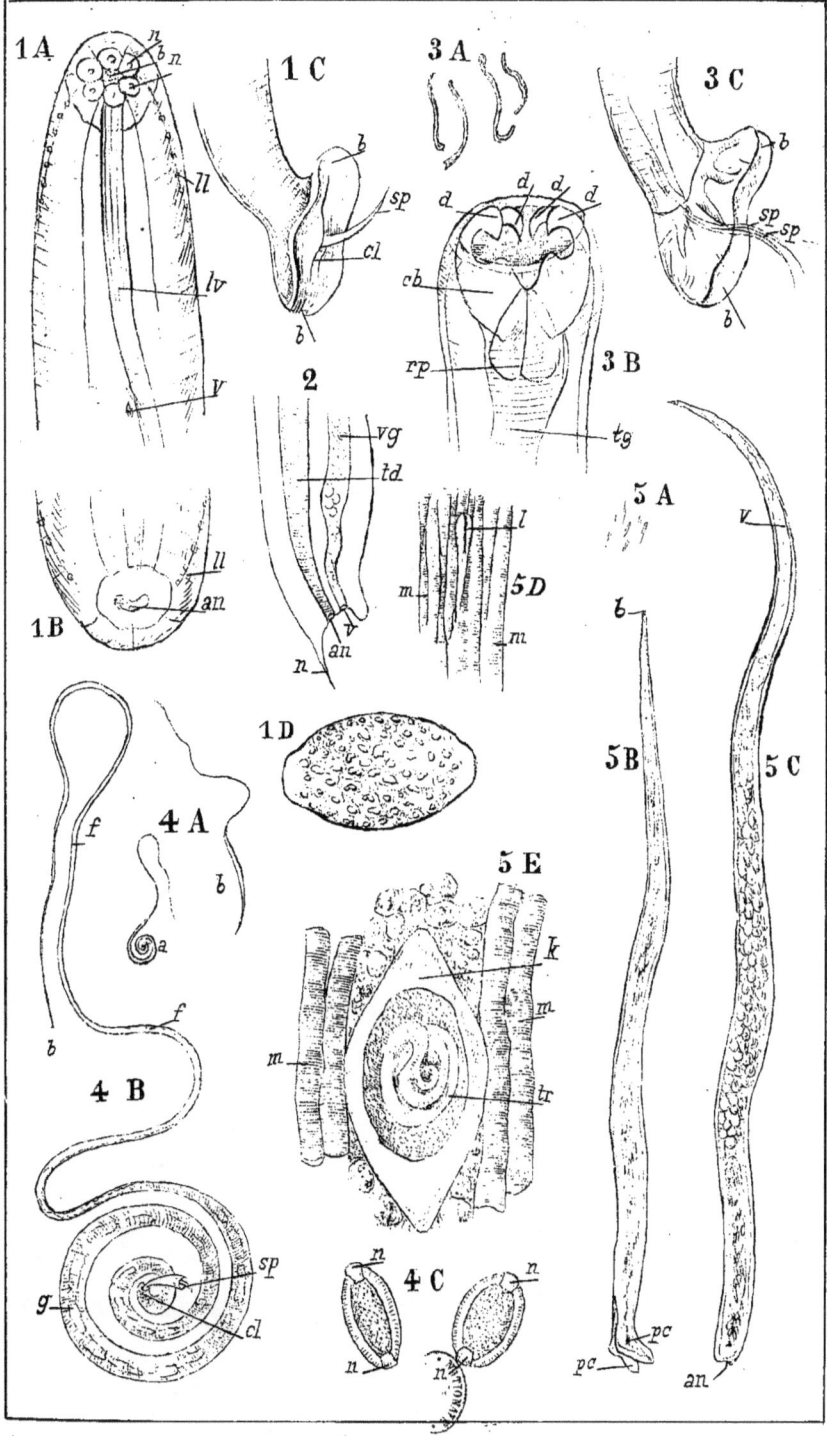

NEMATODES : { *Strongle — Ankylostome*
 Tricocéphale — Trichine }

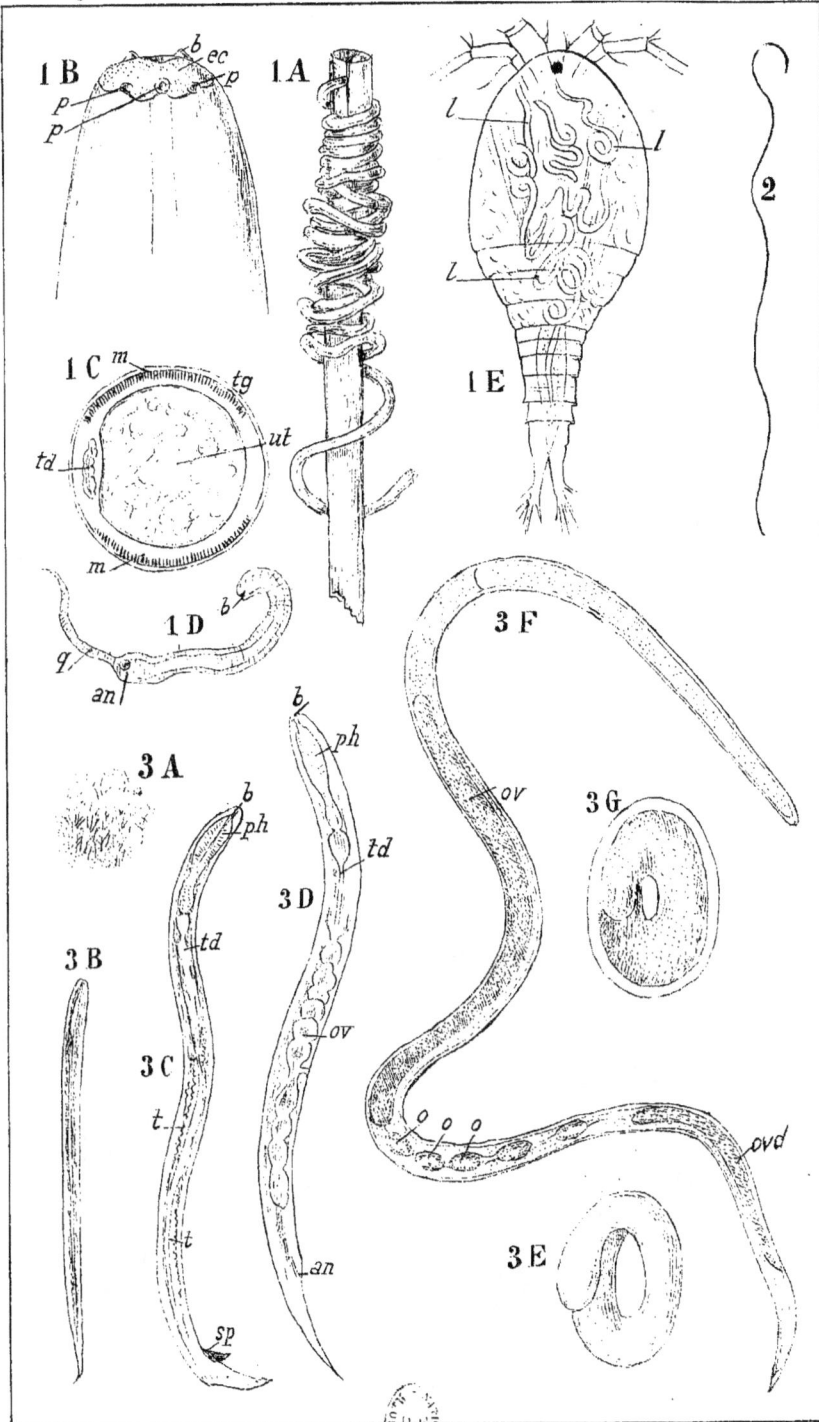

NEMATODES: *Filaire, Anguillule.*

ANNELIDES : *Sangsue.*

ONZIÈME LEÇON

II. Les Arthropodes.

Aux VERS nus ou n'ayant pour se mouvoir que des cils diversement distribués à la surface du corps s'opposent les ARTHROPODES dont les anneaux portent un plus ou moins grand nombre de *membres articulés*.

Ce membre caractéristique comprend une série d'articles superposés :

L'article basilaire forme la hanche (coxopodite); il est suivi par le trochanter (basipodite), puis vient la cuisse ou fémur (ischiopodite), la jambe ou tibia (méropodite), le pied ou sarse (carpopodite) et le doigt (dactylopodite). Souvent le trochanter porte une petite branche accessoire formée aussi d'articles, l'*exopodite*, qui s'oppose à toutes les parties précédentes, réunies sous le nom général d'*endopodite*.

Dans le type idéal de cette série, le corps de l'animal comprendrait une série d'anneaux et chacun d'eux porterait une paire de membres ainsi constitués. Or, les adaptations diverses ont profondément modifié ce type idéal.

Parmi les Arthropodes, les uns vivent au sein des eaux et leur organisme se trouve de ce fait adapté à la respiration aquatique, et des branchies servent aux échanges gazeux entre le sang et l'air dissout dans l'eau. C'est le sous-embranchement des BRANCHIATES.

Les autres sont essentiellement terrestres et respirent directement l'air atmosphérique qui pénètre dans leur organisme par un système compliqué de tubes ramifiés appelés trachées. Ces formes constituent le sous-embranchement des TRACHÉATES.

Les BRANCHIATES ne comprennent qu'une seule classe, la classe des *Crustacés*.

Les TRACHÉATES présentent une réduction croissante du nombre des membres servant à la marche (pattes ambulatoires) qui permet d'établir, à côté des types à pattes nombreuses, deux types, l'un à huit paires de pattes, l'autre à six paires de pattes. On peut donc déterminer les classes suivantes :

1. Trois paires de pattes ambulatoires, ordinairement des ailes :   cl. d. *Insectes;*

2. Quatre paires de pattes ambulatoires, pas d'ailes :
                                                    cl. d. *Arachnides;*

3. Pattes ambulatoires nombreuses (24 paires ou plus),
                                                    cl. d. *Myriapodes.*

I. Classe des Crustacés.

L'Ecrevisse peut être prise comme type des Crustacés; c'est du reste la seule espèce dont la carapace extérieure et les concrétions arrondies qui tapissent l'estomac (yeux d'écrevisse) ont été utilisées en médecine pour les substances calcaires qu'elles contiennent. L'Ecrevisse, par sa chair, est un mets apprécié, produisant chez certaines personnes des éruptions cutanées d'*urticaire*.

L'Ecrevisse (Pl. XIII, fig. 1 et 2), considérée par la face ventrale, montre une division du corps très évidente en anneaux; dorsalement, une large *carapace* cp, recouvre les anneaux et se replie sur les flancs pour former la paroi de la double *chambre branchiale* cb.

Si l'on soulève latéralement la carapace (fig. 7), on découvre les *branchies* br, fixées aux pattes et au flanc et qui se dressent en formant une double ligne parallèle de houppes ramifiées. En effet, chaque branchie est une saillie allongée du tégument, en doigt de gant, portant de nombreux appendices festinés.

Les pattes sont très variables dans leur aspect, suivant la région qui les porte. Les pédoncules oculaires a, les antennes b, les antennules c, les mandibules d, les deux paires de mâchoires e, f, les trois paires de pieds mâchoires g, h, i, constituent les membres céphaliques au milieu desquels s'ouvre la bouche n. Viennent ensuite : les pattes ravisseuses r, et quatre paires de pattes ambulatoires 1, 2, 3, 4, formant les membres thoraciques. Les membres abdominaux sont au nombre de six paires ab; la dernière paire s'étale en rame et forme avec le dernier anneau ou telson t, la nageoire caudale nc. Ces modifications permettent donc de noter trois régions dans l'animal : tête, thorax, abdomen. Dorsalement, la carapace constitue un céphalo-thorax.

Les écrevisses sont mâles et femelles. On reconnaît le mâle (fig. 3) à la transformation des deux premières paires de pattes qui se relèvent et se contournent pour former une double verge destinée à la copulation v, v. Les orifices mâles om, sont situés à la base des pattes de la dernière paire thoracique et versent le sperme dans les deux verges décrites. La femelle n'a pas de verges, les membres abdominaux servent à porter les œufs et, plus tard, les jeunes nouvellement éclos. L'orifice femelle est à la base de la 2ᵉ patte ambulatoire thoracique (fig. 1, of.) (1).

La bouche (fig. 4, n) s'ouvre entre les mandibules et les mâchoires, l'anus an, est situé au-dessous du telson t. La bouche donne accès, par un court œsophage œ, dans l'estomac st, vaste sac muni de dents internes masticatrices d. L'estomac porte sur ses deux faces latérales des amas de substances calcaires emmagasinées en vue de la mue; ce sont ces deux amas arrondis qui sont connus sous le nom d'*yeux d'écrevisses* y, y, dans l'ancienne médecine. Une chambre pylorique et un intestin rectiligne in,

(1) Voir pour les détails : Manipulations de Zoologie, invertébrés, *loc. cit.*

conduit de l'estomac à l'anus. Un double foie f, f, verse les sucs digestifs dans la chambre pylorique.

Les organes reproducteurs sont très simples : chez le mâle (fig. 5), un testicule médian trilobé t, t, déverse son sperme par deux canaux déférents cdf, repliés qui aboutissent à la base des verges.

Chez la femelle (fig. 6), un ovaire trilobé ov, à paroi épaisse d'où se détachent les œufs qui tombent dans sa cavité et se portent, après la fécondation, par deux oviductes od, od, vers les orifices de ponte.

L'appareil excréteur est formé par deux glandes vertes, situées en avant de l'estomac et dont les réservoirs s'ouvrent à la base des antennes (fig. 2, m).

Le système nerveux est typique (fig. 1) : on trouve deux ganglions cérébroïdes gc, un collier œsophagien co, un ganglion sous-œsophagien gso, quatre paires de ganglions thoraciques gt, et six paires de ganglions abdominaux ga. Ces ganglions sont reliés paire à paire par une double chaîne de connectifs qui déterminent la constitution de la *chaîne ventrale* caractéristique des Annelés.

La circulation est assez complète (fig. 7). Le sang qui a respiré dans les branchies revient par des canaux ascendants c, c, dans une vaste poche *(péricarde)* formant *oreillette* p ; de là, il passe dans un ventricule v, qui plonge dans le sang de l'oreillette par les six orifices dont est percé le ventricule. La contraction de ce dernier chasse le sang dans l'aorte céphalique ac, et dans l'aorte abdominale ab, qui le transportent dans toutes les parties du corps. Le sang vient s'accumuler alors dans un vaste sinus situé au-dessous de l'estomac et remonte de là dans les branchies.

DOUZIÈME LEÇON

II. Classe des Insectes.

Par son tégument chitineux, épaissi en cuirasse, par la division du corps en anneaux, l'Insecte se rapproche beaucoup de l'Ecrevisse. Il est même possible de répartir les anneaux en trois régions (fig. 1) : la *tête* Tt, qui porte des membres transformés, antennes an, et pièces buccales, le *thorax* Th, qui présente sur la face ventrale trois paires de membres 1, 2, 3 (hexapodes) et deux paires d'ailes as, ai ; l'*abdomen* Ab, dépourvu de membres.

La tête (fig. 2) porte latéralement deux yeux à facettes œ, et deux longues *antennes* an ; elle est percée antérieurement par la bouche. Le *cadre buccal*, chitineux, porte une *lèvre supérieure* ou *labre* l, indivise, une paire de *mandibules* mdb, une paire de *mâchoires* mx, munies chacune d'un long *palpe maxillaire* pm, une *lèvre inférieure* ou *menton* m, qui porte sur la ligne médiane deux lobes saillants qui forment la *languette* lg, et latéralement deux *palpes labiaux* pl.

Avec ces parties fondamentales constituantes, la bouche des insectes peut présenter les aspects les plus variés, et Savigny a le premier exposé la théorie raisonnée et comparative de ces modifications.

I. Dans les Insectes *masticateurs*, les *mandibules* sont puissantes, les *mâchoires* munies de lames tranchantes et de dents servant à la mastication ; la *languette* est peu développée (Pl. XIV, fig. 2.)

II. Dans les *Lécheurs*, les *mandibules* conservent leurs caractères, mais les *mâchoires* s'allongent de chaque côté pour former les deux valves d'une gaîne destinée à protéger la *languette* qui constitue l'organe lécheur ou langue caractéristique. (Pl. XV, fig. 1.)

III. Dans les *Suceurs*, les mâchoires seules sont très développées et forment deux tubes qui constituent la *trompe* qui sert à aspirer les aliments liquides. On retrouve les mandibules et le menton atrophiés ; palpes maxillaires et labiaux persistent. (Pl. XV, fig. 2.)

IV. Dans les *Piqueurs*, on peut distinguer deux types :

1er type : *Piqueurs à suçoirs*. — Le labre, les mâchoires, les mandibules s'allongent en stylets aigus ; la languette étalée à son extrémité d, forme une trompe charnue. L'animal peut donc piquer avec les stylets du suçoir et recueillir, avec la trompe libre, les liquides exsudés. (Pl. XV, fig. 3, de face; fig. 4, de profil.)

2ᵉ type : *Piqueurs à rostre.* — Les mâchoires et mandibules s'effilent en stylets, mais la languette se replie sur ces parties et constitue un *rostre* r, pluriarticulé qui les enferme et que la lèvre supérieure courte recouvre vers le haut. (Pl. XV, fig. 5, rostre fermé; fig. 6, rostre ouvert.)

Le nombre et la disposition des six pattes ambulatoires est constant dans toute la série, mais, en revanche, les ailes sont très variables dans leur allure générale. Considérés à ce point de vue, les Insectes ont : quatre ailes *(tétraptères)*, deux ailes *(diptères)*, ou sont dépourvus d'ailes *(aptères)*.

Quand ils ont quatre ailes, ces ailes sont sensiblement égales, étalées, et on distingue :

Les ailes à nervures rares, très transparentes : *hyménoptères;*
Les ailes à nervures nombreuses et serrées : *névroptères;*
Les ailes où les nervures disparaissent sous des écailles :
lépidoptères.

Ailleurs, deux ailes s'épaississent plus ou moins largement et deviennent dures par incrustation. Si l'épaississement comprend la moitié de l'aile, l'aile est dite *semi-élytre*; si l'épaississement envahit l'aile entière, l'aile est dite *élytre.*

Les insectes ayant des *semi*-élytres sont des *hémiptères.*

Lorsque l'insecte porte une élytre, l'aile inférieure se plie de deux façons différentes pour se cacher sous l'élytre :

Elle se replie sur elle-même transversalement : *coléoptères;*
Elle se plie longitudinalement, en éventail : *orthoptères.*

Si l'on ajoute les deux groupes précédemment indiqués :

Deux ailes.................... *diptères;*
Pas d'ailes.... .... *aptères,*

on peut diviser les insectes en se basant sur la disposition des ailes.

Si l'on fait intervenir la disposition des pièces buccales, on démembre l'ordre des Aptères et, de ce fait, on répartit les espèces entre les Hémiptères et les Diptères ayant la même conformation buccale.

Nous adoptons donc la division suivante de la classe des Insectes en ordres :

I. MASTICATEURS... { Ailes inf. ployées transversalement.....	*Coléoptères.*	
a. Des élytres. { Ailes inf. ployées longitudinalement....	*Orthoptères.*	
b. Quatre ailes identiques à nervures nombreuses.	*Névroptères.*	
II. LÉCHEURS. — Quatre ailes transparentes...............	*Hyménoptères.*	
III. SUCEURS. — Trompe maxillaire — 4 ailes à écailles.......	*Lépidoptères.*	
VI. PIQUEURS.. ..... { à rostre — 4 ailes sup. semi-élytres...	*Hémiptères.*	
{ à suçoir — 2 ailes, 2 balanciers.......	*Diptères.*	

L'organisation interne de l'Insecte (Pl. XIV), à quelque classe qu'il appartienne, peut être aisément schématisée par l'étude d'un type commun comme le hanneton *(Melolontha vulgaris)*.

Le hanneton présente extérieurement tous les caractères fondamentaux de l'ordre des Coléoptères auquel il appartient.

Lorsqu'on l'ouvre par la région dorsale, on est frappé par la multiplicité de petits tubes blancs, enchevêtrés, qui semblent former une enveloppe délicate aux organes profonds. Ces tubes sont caractéristiques des *trachéates*, ce sont les trachées (fig. 3, tr). A la loupe, chaque tube se montre maintenu béant par un *fil spiralé* résistant (fig. 4), qui maintient la lumière de la trachée. Ces tubes se renflent de loin en loin en *vésicules aérifères* vr, s'unissent en troncs plus volumineux tp, qui aboutissent sur les côtes du corps à huit orifices ou *stigmates* s, s'ouvrant et se fermant sous l'action d'un muscle spécial. C'est par les stigmates que l'air pénètre dans l'arbre trachéal qui porte par ses ramifications ultimes l'oxygène au contact des tissus. Cette dissémination de l'air par cet appareil respiratoire si développé permet de comprendre la réduction extrême de l'appareil circulatoire ; les *trachées* remplacent les *vaisseaux* et, de ce fait, le cœur dorsal est dépourvu de veines et d'artères ; il est disposé comme celui de l'écrevisse, mais plus allongé, en tube découpé par des pincements en huit compartiments ; une oreillette (péricarde) l'enveloppe, recevant le sang par des perforations multiples et poussant le sang dans le ventricule dont chaque compartiment présente deux orifices. Le sang venant de la cavité générale est projeté directement par le cœur dans les lacunes conjonctives de cette cavité.

Le tube digestif (fig. 5) commence à la bouche par un court œsophage œ, et a été comparé dans ses parties à celui de l'oiseau ; on y distingue en effet un jabot jb, un gésier gs, un ventricule chylifique ou estomac st, un intestin in, et un rectum rt, avec glanges anales g, g. La limite entre l'estomac et l'intestin est marquée par l'insertion des tubes de Malpighi tm, chargés de la sécrétion urinaire.

Le système nerveux (fig. 1) se voit en détournant le tube digestif ; il se compose de deux ganglions cérébroïdes gc, d'un collier œsophagien co, et d'une chaîne ventrale formée de paires de ganglions thoraciques gt, et abdominaux ga, reliées par des connectifs, qui fournit les nerfs à tous les organes et aux muscles qui meuvent les membres.

Le mâle (fig. 6) possède deux groupes de testicules t, t. De chaque testicule part un canal testiculaire qui s'unit aux canaux voisins et forme, de chaque côté du corps, un canal déférent cdf. Les deux canaux déférents convergent et se fondent en un canal éjaculateur unique cj, qui s'ouvre à la base d'une grosse verge protractile v, enfermée dans un étui résistant gv. Deux glandes accessoires (prostatiques) pr, s'ouvrent dans le canal éjaculateur.

La femelle (fig. 6) a deux ovaires ov, formés de tubes accolés, d'où partent deux oviductes ovd, qui s'unissent en un vagin unique vg. Ce vagin aboutit à une fente vulvaire qui donne accès au pénis du mâle. Or, ce dernier s'engage dans un diverticulus du vagin, la poche copulatrice pc. Le vagin porte deux glandes acces-soires et une vésicule moyenne pyriforme.

L'œuf du hanneton ne donne point un insecte parfait. Il sort de l'œuf une forme larvaire allongée, connue sous le nom de ver blanc. Ce ver passe trois années en terre, se nourrissant des ra-cines des plantes, puis il devient immobile et se transforme en *nymphe;* c'est de la nymphe que sort l'insecte parfait. On dit dans ce cas qu'il y a métamorphose et que la métamorphose est com-plète.

Les autres Insectes diffèrent peu du hanneton dans leur orga-nisation générale; cependant leur développement peut être dif-férent; la métamorphose peut être incomplète, quand la phase de nymphe est supprimée (Hémiptères, Orthoptères), ou même manquer tout à fait (développement direct des Aptères). Ou bien il y a *hypermétamorphose*, c'est-à-dire métamorphose plus com-pliquée, comme nous le dirons en parlant des Cantharides.

1. Les Coléoptères.

Les Coléoptères nous présentent, à côté du Hanneton qui dé-vore tous les trois ans les feuilles de nos arbres, à côté du Larin de Syrie *(Larinus nidificans),* dont la *coque* attachée aux tiges des composées est vantée, eu Turquie, contre les affections bron-chiques, la série des *insectes vésicants*, qui comprennent les *Me-loës*, les *Mylabres* et les *Cantharides*, tous *hétéromères* (tarses des deux paires de pattes antérieures à 5 articles, tarses de la paire postérieure à 4 articles).

Les Méloës *(Meloe proscarabeus, cicatrosus,* etc.) se reconnais-sent à l'absence des ailes membraneuses et à la réduction des élytres, surtout frappante dans les femelles, dont l'abdomen prend des proportions monstrueuses.

Les Mylabres *(Mylabris cichorii,* etc.) ont les élytres élargis en arrière, à fond noir marqués de bandes ou de taches rouges, et des ailes membraneuses; les antennes sont renflées en boutons.

Les Cantharides (Cantharis *vesicatoria*) ont les élytres déve-loppés comme les Mylabres, mais d'un vert métallique à reflets dorés; les antennes sont filiformes. Ce dernier insecte, qui vit en troupes nombreuses sur les frênes, les troènes, les lilas, surtout dans le midi de l'Europe, est plus particulièrement l'objet d'une récolte fructueuse.

C'est le matin qu'on secoue les arbres sur des toiles et qu'on recueille les insectes engourdis, qui sont asphyxiés, desséchés au four et enfermés dans des vases bien clos. Le principe vésicant réside dans les vésicules séminales, les ovaires, les œufs, et dans le sang de l'animal; l'irritation de la peau est telle, qu'une phlyc-tène est rapidement produite. Ce principe est la *cantharidine* ($C^5 H^6 O^2$), qu'on extrait par le chloroforme et qui, après purification, se montre cristallisée en tables rhomboïdales. A l'intérieur, la cantharidine est un poison redoutable, produisant une violente irritation des organes génito-urinaires, sans posséder de propriétés aphrodisiaques.

Le développement de ces divers insectes est remarquable. L'œuf déposé en terre donne une larve agile, à longues pattes munies de griffes, le *Triongulin,* qui s'établit dans les fleurs et y attend les abeilles pour s'attacher à leurs poils. Le Triongulin se fait transporter ainsi dans une cellule de la ruche; il y trouve l'œuf de l'abeille qu'il dévore, devient une larve épaisse, à pattes courtes, puis perd ses pattes et s'engourdit *(pseudo-chrysalide),* redevient actif et se transforme définitivement en *nymphe.* Il y a *hypermétamorphose.*

2. LES ORTHOPTÈRES.

Aux Orthoptères se rattachent les Criquets *(Acridium peregrinum)* qui ravagent nos colonies africaines et servent encore à l'alimentation dans le Maroc et chez les Kabyles — les Sauterelles — les Grillons — la Taupe-grillon *(Gryllotalpa vulgaris)* qui coupe les racines des végétaux et cause de sérieux dégâts quand elle se multiplie -- les Mantes, aux pattes ravisseuses — les Blattes ou Cancrelats — les Forficules ou Perce-oreilles, absolument inoffensifs — les Mallophages, parasites dépourvus d'ailes, qui vivent accrochés aux plumes des oiseaux et aux poils des mammifères.

3. LES NÉVROPTÈRES.

Les Névroptères ont pour type les *Libellules* qui volent dans nos bois, et les *Agrions* ou *demoiselles,* aux ailes bleues, qui affectionnent le bord de nos ruisseaux.

Les *Éphémères* apparaissent par bandes nombreuses; le *Fourmilion* passe sa phase larvaire au fond d'un entonnoir où tombent les insectes qui servent à sa nourriture.

Les *Termites* forment des associations et bâtissent des nids; ils se rapprochent, à ce point de vue, des fourmis dont ils ont les mœurs sociales.

4. LES HYMÉNOPTÈRES.

Les Hyménoptères se divisent en deux séries :
Terebrantia ou Porte-tarière : Cynips et Ichneumons;
Aculeata ou Porte-aiguillons : Fourmis, Abeilles et Guêpes.

La tarière est formée de trois pièces et sert à la ponte; une pièce médiane aiguë trace le chemin et l'œuf glisse entre les deux valves latérales formant canal. L'aiguillon est une arme de défense munie à la base de deux glandes qui sécrètent un venin qui se répand dans la blessure.

Les *Cynips* déposent leurs œufs dans le parenchyme des tiges ou des feuilles des végétaux. Les larves qui en sortent provoquent, par irritation, une hypertrophie des tissus au point où elles se trouvent et la formation d'une excroissance connue sous le nom de *galles*. Ces galles ou *noix de galles* sont employées en médecine pour leurs propriétés astringentes dues au tannin qu'elles renferment.

Les Galles sont très variables de formes, suivant les espèces de Cynips qui les ont produites et les végétaux qui les portent.

Les galles les plus recherchées sont celles recueillies sur le chêne d'Asie-Mineure *(Quercus lusitanica)* et produite par le *Cynips gallæ tinctoriæ*. Ce sont les *galles d'Alep* et les *galles de Smyrne*.

Les *galles de Hongrie ou du Piémont* sont dues à la piqûre du chêne rouvre *(Quercus robur)* par le *Cynips galicis*. La *pomme de chêne* se développe sur le *Quercus pyrenaica* du Sud-Ouest de la France, par la piqûre du *Cynips argentea*. Le *Cynips hungarica* donne sur le *Quercus ilex* la *galle de France* et le *Cynips coronata* amène, sur les jeunes branches du *Quercus pubescens*, le développement des *galles corniculées*.

Les *galles moussues* du rosier, connues sous le nom de *bédégars*, sont dues à la piqûre du *Cynips (Rhodites) rosæ*.

Les *Ichneumons*, voisins des Cynips, déposent leurs œufs sous le tégument des animaux. Ils s'attaquent surtout aux chenilles; les larves éclosent sous la peau et dévorent les viscères de leur hôte.

Les Fourmis, les Abeilles et les Guêpes portent l'aiguillon qui produit des piqûres très douloureuses, avec rougeur et engorgement. Le venin doit ses propriétés irritantes à l'*acide formique* qu'il contient. On a essayé l'utilisation des piqûres des fourmis et des abeilles comme moyen thérapeutique, mais le médecin a plutôt à soigner les piqûres produites accidentellement par ces insectes.

Ces insectes vivent en Société (1), et l'on trouve dans la Fourmilière ou dans la Ruche trois types d'adultes : les mâles et les femelles sexuées et les ouvrières, qui sont des femelles à ovaires atrophiés. Chez les fourmis, les ouvrières sont dépourvues d'ailes et les femelles sont nombreuses; dans les autres groupes, les ouvrières sont ailées et il n'y a qu'une seule femelle qu'on nomme reine. La femelle est fécondée une seule fois et elle utilise le sperme accumulé dans un réservoir spermatique pour imprégner les œufs au moment où ils se rendent de l'oviducte à la vulve. D'après des observations nombreuses (Von Siebold), la femelle peut laisser passer l'œuf sans le mettre en rapport avec le sperme et, dans ce cas, l'œuf pourrait se développer sans fécondation (parthénogénèse).

(1) Pour les détails concernant ces animaux, consulter : Dr P. Girod, *Les Sociétés chez les Animaux*; J.-B. Baillière et fils, Paris 1891.

L'œuf, fécondé ou non, donne une larve qui est déposée dans une cellule et nourrie de miel; cette larve grossit, devient immobile, passe à l'état de nymphe d'où sort l'insecte parfait.

Si l'œuf n'a pas été fécondé, l'insecte parfait est un *mâle*.

Si l'œuf a été fécondé, deux cas se présentent :

a. La larve a été largement nourrie (pâtée royale) : l'insecte est une femelle à organes génitaux bien développés ; c'est une *reine* ou *mère*.

b. La larve a été réduite à une alimentation restreinte, spéciale : l'insecte est une femelle à ovaires atrophiés; c'est une *ouvrière*.

La femelle a donc en puissance la faculté de donner des mâles ou des femelles; ce sont les ouvrières chargées de la nourriture des larves qui font les reines ou les ouvrières.

Ces doubles conclusions sont prouvées par les faits suivants :

Une femelle placée dans des conditions où la copulation avec un mâle est impossible pond des œufs qui se développent, mais tous les insectes produits sont des mâles.

Si la reine d'une ruche meurt, les ouvrières peuvent, en modifiant la nourriture d'une larve d'ouvrière et en agrandissant sa cellule, assurer son développement complet et en faire une mère *(reine de sauveté)*.

Les Abeilles nous intéressent particulièrement par les produits qu'elles nous fournissent :

1. Elles fabriquent avec la *cire*, substance grasse qu'elles sécrètent par quatre paires de glandes placées sous les articles de l'abdomen, les *cellules* hexagonales qui, placées dos à dos, en deux lames accolées, forment les *gâteaux* verticaux de la ruche. Cette cire est connue sous le nom de *cire jaune*. Décolorée par un procédé chimique ou par exposition prolongée à l'air, elle devient la *cire vierge* ou cire blanche;

2. Elles recueillent sur les bourgeons résineux la *propolis* qui leur sert à mastiquer les interstices divers de la ruche et qu'on considère en médecine comme résolutive;

3. Enfin, elles puisent dans la corolle des fleurs le *nectar* qu'elles accumulent dans le jabot et qui, modifié par la sécrétion glandulaire de cet organe, est régurgité comme *miel.* Le *miel* mélangé au pollen forme la *pâtée* destinée aux larves; pur, il constitue la nourriture des adultes. Aussi, lorsque les cellules nécessaires au développement des jeunes sont remplies, d'autres cellules deviennent des réservoirs où l'on accumule le miel destiné aux jours de disette et aux provisions d'hiver. C'est ce miel accumulé que nous récoltons, enlevant les gâteaux qui nous fournissent le liquide sucré, aromatique et la cire qui forme la charpente. Le miel varie de goût, suivant les plantes qui ont formé le nectar; il peut devenir toxique, s'il est recueilli sur les aconits.

5. Les Lépidoptères.

Les Lépidoptères, aux ailes couvertes d'écailles éclatantes qui forment les mosaïques les plus variés d'aspect et de nuances, n'ont aucune application médicale. Il est bon cependant de noter que certaines chenilles (Liparis cul-brun, Bombyx processionnaire, etc.) sont couvertes de longs poils qui, implantés dans la peau ou transportés sur la conjonctive, produisent une rougeur vive et une démangeaison importune. Quelques espèces de Pyrales et d'Iponomeutes sont nuisibles à nos cultures et à nos vergers.

6. Les Hémiptères.

Les Punaises des bois *(Géocorises)* et les Punaises d'eau *(Hydrocorises :* Nèpes, Notonectes) présentent de la façon la plus caractéristique le caractère de l'ordre. C'est au premier groupe que se rattache la Punaise des lits *(Acanthia lectucaria)* si répandue en Europe ; caractérisée par ses *élytres rudimentaires.*

Dans les Homoptères qui ont le même rostre, les semi-élytres perdent les caractères tranchés ; c'est à cette série qu'appartient la *Cigale (Cicada orni).*

La disposition des pièces buccales permet de rattacher à cet ordre : les Pucerons *(Aphidées),* les Cochenilles *(Coccidées)* et les Poux *(Pédiculées).*

Pucerons. — Dans les Pucerons, les *œufs d'hiver* donnent, au printemps, des femelles qui, sans fécondation, par *parthénogénèse,* donnent de nouvelles femelles qui, par le même procédé, donnent des femelles filles et, ainsi de suite, pendant toute la belle saison. Aussitôt produite, la femelle enfonce son rostre dans le végétal nourricier. A l'automne, les derniers adultes formés sont mâles et femelles ; ils s'accouplent et pondent l'*œuf d'hiver* que sa coque rend apte à résister aux intempéries. C'est aux pucerons qu'appartient le *Phylloxera vastatrix* qui a si gravement compromis notre vignoble.

La piqûre des pucerons amène une irritation des tissus et la formation des *coques* ou *fausses galles* qui enveloppent les pucerons. C'est à cette cause que sont dues les coques qui se montrent sur beaucoup de plantes de la famille des *Térébinthacées.* Un sumac porte les *galles de Chine,* le pistachier fournit les *caroubes de Judée* et les *galles de Bokhara;* citons les *galles du lentisque, du térébinthe* et *des myrobolans.* Ces galles sont astringentes et utilisées comme telles.

Cochenilles *(Coccidées,* qu'il ne faut pas confondre avec *Coccidies).* — Le mâle conserve les caractères fondamentaux du groupe, mais la femelle passe par un état régressif particulier, perd ses anneaux et devient un sac à œufs qui les protège jusqu'à l'éclosion.

Mâle et femelle peuvent sécréter des substances protectrices dont ils s'entourent, ou accumuler dans leurs tissus des matières qu'utilisent la médecine et l'industrie.

Ainsi la Cochenille à cire de la Chine *(Ericerus cerifer)*, qui vit sur divers sumacs et frênes, donne une cire blanche fort estimée. Ce sont les colonies de *mâles* massés sur les rameaux qui fournissent ces produits. Ce sont les mâles et les femelles de *Tachardia lacca* qui, fixés sur divers arbres, enveloppent les rameaux de *laque* qui est fournie dans le commerce en grains, en grappes et en plaques. La *manne des Tamarix* est aussi le produit de la sécrétion de colonies de Cochenilles *(Gonyparia mannifera)*.

C'est le corps desséché et pulvérisé de la femelle du *Coccus cacti* que l'on élève au Mexique sur les feuilles du Cactus nopal qui donne le *carmin;* le *Kermès vermilio*, qui vit sur le chêne garrouille dans toute la région méditerranéenne et connu sous le nom de *graine d'écarlate*, fournissait avant l'introduction du *Coccus cacti* une substance colorante identique. C'est ce Kermès qui formait la base de la *Confectio alkermes* des alchimistes qui a joui d'une si grande réputation.

Poux. — Le poux de tête *(Pediculus capitis)*, le poux de corps *(Pediculus vestimentæ)* et le morpion *(Pthirius pubis)* sont des parasites — malheureusement trop communs — de l'espèce humaine. Ces formes appartiennent à la série des Aptères et possèdent un rostre muni de crochets qui s'enfonce dans le tégument et permet la succion du sang. La piqûre s'accompagne de violentes démangeaisons; les œufs accrochés aux poils sont connus sous le nom de *lentes*.

7. LES DIPTÈRES.

Les Diptères n'ont que deux ailes apparentes, les deux ailes inférieures étant transformées en petites massues appelées *balanciers*.

Les uns ont les antennes courtes, le corps épais et ramassé comme les mouches *(Brachycères);* les autres ont les antennes filiformes, allongées et le corps élancé comme les cousins *(Némocères)*, les autres enfin n'ont que des rudiments d'ailes; ce sont les puces *(Aphaniptères)*.

Les *Brachycères* ont pour type la mouche commune *(Musca domestica)*. La plupart pondent leurs œufs sur les viandes en putréfaction et, de ce fait, l'ingestion de viandes avariées peut amener l'introduction des larves de ces Diptères dans l'estomac. D'autres, comme la *Lucilia macellaria* de l'Amérique pond ses œufs sur les plaies, dans les oreilles et les fosses nasales et détermine des accidents d'une gravité exceptionnelle. On sait que les mouches écloses au sein des cadavres peuvent apporter à la surface du sol les microbes conservés dans le sol et transmettre les maladies contagieuses. C'est de cette façon qu'agit, sur les bords du Nyanza, la Tsétsé *(Glossinia morsitans)* si bien décrite par Livingstone. Les Œstrides (œstres du cheval, du mouton, du bœuf) déposent leurs œufs sur le tégument des animaux, et on a signalé chez l'homme des cas de fixation analogue.

Les *Némocères* comprennent les Cousins et les Moustiques *(Culicides)*, insectes dont les larves vivent dans l'eau où elles se transforment en nymphe. Les femelles seules piquent pour sucer le sang, annonçant leur approche par un bourdonnement caractéristique et laissant au point piqué une tuméfaction douloureuse.

Les *Aphaniptères* sont représentés dans nos régions par la puce commune *(Pulex irritans)*, insecte sauteur et suceur, parasite de l'homme. La Chique *(Pulex penetrans)* habite l'Amérique tropicale et l'Afrique où elle est d'importation récente. La femelle fécondée s'enfonce sous l'épiderme et s'y gorge du sang des capillaires, l'abdomen se distend par l'accroissement des œufs et une ulcération superficielle permet l'expulsion de ces œufs qui s'échappent par une rupture du tégument de l'animal. Les larves se développent à terre, se transforment en nymphe dans un cocon, et les femelles, après l'accouplement, se fixent au pied de l'homme et de divers animaux.

TREIZIÈME LEÇON

III. Classe des Arachnides.

Les Arachnides sont des TRACHÉATES comme les Insectes, mais se distinguent au premier abord par les *quatre paires de pattes ambulatoires*. La tête et le thorax sont réunis en une seule masse *céphalo-thorax*. La tête ne porte pas d'antennes et les pièces de la bouche sont très réduites : on ne trouve, en effet, que deux *mandibules* disposées en forme de pinces *(forcipules)* ou terminées par une seule griffe *(chélicères)* et deux *mâchoires* lamelleuses portant chacune un long palpe pluriarticulé *(patte-mâchoire)* terminée par une *pince didactyle* ou par une *simple griffe*. Une lèvre inférieure ou menton simple complète l'ensemble.

Les Arachnides comprennent les *Scorpionides*, les *Araneïdes* et les *Parasites* (Acariens et Linguatules).

Les SCORPIONS (pl. XVI, fig. 1, 2, 3) ont les mandibules en pinces (forcipules) mdb, et les *pattes-mâchoires* pm, très développées, terminées par deux pinces analogues à celles de l'Ecrevisse. Le céphalo-thorax porte quatre pattes ambulatoires allongées 1, 2, 3, 4, et l'abdomen est divisé en deux régions : le *préabdomen* pa, présente à la face inférieure quatre paires de stigmates s, s, qui donnent accès dans des sacs trachéaux, renflés, divisés en logettes par de nombreux feuillets ; ces sacs — désignés ordinairement sous le nom de poumons — sont en réalité des trachées fort réduites, et cette disposition entraîne l'apparition d'un appareil circulatoire très développé ; le post-abdomen ps, se termine par une vésicule va, armée d'un aiguillon a, recourbé. La vésicule contient deux glandes g, g, qui déversent leur sécrétion à la base de l'aiguillon. Pour piquer, le Scorpion relève l'abdomen au-dessus de lui, en arc, et frappe ainsi en avant de lui. Le venin agit en produisant des convulsions violentes suivies d'une paralysie plus ou moins étendue.

Les ARAIGNÉES se distinguent des Scorpions par de nombreux caractères ; les mandibules mdb, portent une griffe (chélicère), les pattes-mâchoires pm, sont très réduites, et l'abdomen abd, a une forme globuleuse. C'est à la base du crochet (fig. 6) qui termine la mandibule, que s'ouvre une glande vénimeuse pouvant agir par son contenu d'une façon très active. Les tarentules *(Lycosa tarentula)* auraient été la cause d'une névrose qui régna pendant les onzième et douzième siècles sous le nom de *tarentisme*. La Mygale *(Avicularia vestiaria)* atteint 8 centimètres de longueur ; c'est, à la Martinique, un fléau pour l'homme et les animaux par les piqûres douloureuses qu'elle produit. Les Latrodectes sont aussi très redoutables.

Les Araignées façonnent des *toiles* pour la capture de leurs proies : les fils sont produits par des *filières* f, f, situées à l'extrémité de l'abdomen, au pourtour de l'anus an. Ces toiles pressées entre les doigts et appliquées sur une plaie constituent un excellent hémostatique.

La face inférieure de l'abdomen porte *quatre stigmates* s, qui donnent accès dans quatre sacs analogues à ceux du Scorpion *(tetrapneumones)*, ou bien les deux premiers seuls s'ouvrent dans des sacs *(dipneumones)* ; les autres — pouvant s'unir en un seul médian — servent d'origine à de vraies trachées. Dans les *Phalangides* ou Faucheurs, il n'y a que deux stigmates donnant accès dans un arbre trachéen.

Les ACARIENS sont des Arachnides de faible dimension, d'aspect ordinairement globuleux; les mâchoires s'unissent pour former un *rostre* dans lequel jouent les *mandibules* effilées.

Le *Demodex folliculorum* a l'aspect vermiforme; il vit dans les glandes sébacées du visage. (Planche XVI, fig. 7.)

Le *Sarcoptes scabiei* (Pl. XVI, fig. 8, femelle); produit la *gale*. C'est à la surface du tégument qu'a lieu l'accouplement; puis la femelle mue et s'enfonce sous l'épiderme, s'avançant à mesure qu'elle pond les œufs dans le sillon qu'elle se fraye en utilisant sa salive corrosive et irritante, cause des démangeaisons qui caractérisent la maladie. Les œufs se développent dans le sillon, les larves s'y transforment en nymphe et les insectes parfaits deviennent libres par l'accouplement. Il faut savoir découvrir et reconnaître la présence du parasite. Les sillons sont fréquents dans les interstices des doigts, aux poignets, dans les plis de la main; ils sont toujours contournés et se terminent par une vésicule; en les déchirant à l'aide d'une aiguille, on peut ouvrir la vésicule et découvrir la femelle sans la blesser. Examinée à la loupe, elle montre les quatre paires de pattes des Arachnides, dont les deux premières sont terminées par des ventouses. La gale disparaît de plus en plus, elle est directement transmissible.

On signale d'autres Acariens comme produisant des accidents : des *Pédiculoïdes* contenus dans des blés ont produit des exanthèmes en se fixant sur la peau des ouvriers qui déchargeaient ces blés. De même le *Vendangeur* ou *Rouget,* petit Trombidium de nos prairies, peut s'attacher à notre peau quand nous nous couchons dans l'herbe. De même, une mite du fromage *(Tyroglyphus)* peut provoquer la diarrhée, lorsqu'elle est introduite dans l'intestin; des *Ixodes* et des *Argas* peuvent se fixer sur notre tégument. En Perse, un Argas *(A. persicus)* se comporte comme notre punaise, mais produit des piqûres graves et longues à guérir. Enfin, on a trouvé plusieurs fois sur l'homme des *Dermanysses*, parasites ordinaires des oiseaux.

Par leur organisation générale interne, les Arachnides se rapprochent beaucoup des Insectes; la réduction de l'arbre trachéal correspondant à l'apparition de rameaux vasculaires partant du cœur est un des faits les plus saillants. Le tube digestif et les organes génitaux sont très voisins. Le Scorpion est vivipare ; les Araignées, au contraire, sont ovipares, protégeant leurs œufs dans des coques soyeuses ; chez ces dernières, un des palpes du mâle se transforme en organe copulateur.

Les *Linguatules* se rattachent aux Acariens par leur forme larvaire munie de pattes articulées, mais l'adulte est vermiforme, sans trace de membres, ne possédant que deux paires de crochets buccaux. La Linguatule adulte *(Linguatula rhinaria)* se rencontre dans les sinus frontaux du chien et du loup. Des éternuements fréquents amènent l'expulsion des œufs fécondés qui tombent sur le sol, parmi les herbes. Si ces œufs sont mangés par un herbivore — lièvre, lapin, chèvre, mouton, bœuf — ou par l'homme, — l'œuf met en liberté un embryon muni de deux paires d'appendices tronqués. L'embryon traverse l'estomac et gagne le foie où il s'enkyste. Dans ce kyste, l'embryon change de tégument, perd ses pattes et se transforme, passant par neuf mues successives, en une larve qui ne peut devenir adulte que si des conditions particulières lui sont faites. Il faut que le foie et ses kystes soient dévorés par le carnivore, chien ou loup, la paroi des kystes est dissoute et la larve remontant par l'œsophage gagne les fosses nasales postérieures où elle devient sexuée. On a rencontré cette Linguatule chez l'homme à l'état adulte, dans les fosses nasales ; à l'état larvaire, dans le foie.

Linguatula constricta est particulière à l'Egypte et aux Indes (quatre cas observés).

IV. Classe des Myriapodes.

Les Myriapodes ont une tête distincte, mais les anneaux suivants se suivent en une série continue sans distinction en thorax et abdomen ; tous ces anneaux portent des pattes.

L'organisation générale est celle des Insectes (Pl. XVI, fig. 9) ; la tête porte en effet une bouche avec labre l, une paire de mandibules mdb, une paire de mâchoires mxa, une seconde paire de mâchoires mxb, correspondant aux lobes de la languette des insectes.

Dans les CHILOGNATHES — Iules et Glomeris — on observe deux paires de pattes à chaque anneau (fig. 10).

Dans les CHILOPODES — Scolopendres (fig. 11) — chaque anneau ne porte qu'une paire de pattes. Ici, les pattes de la première paire sont munies chacune d'un gros crochet et servent de pattes ravisseuses (fig. 9) pr, pour saisir la proie. Le crochet est traversé par un canal qui déverse au dehors le venin sécrété par une glande volumineuse.

On considère le *Péripate*, arthropode du Cap, rappelant les Annélides, comme la souche des Arthropodes terrestres ; on en fait le type des **Prototrachéates.**

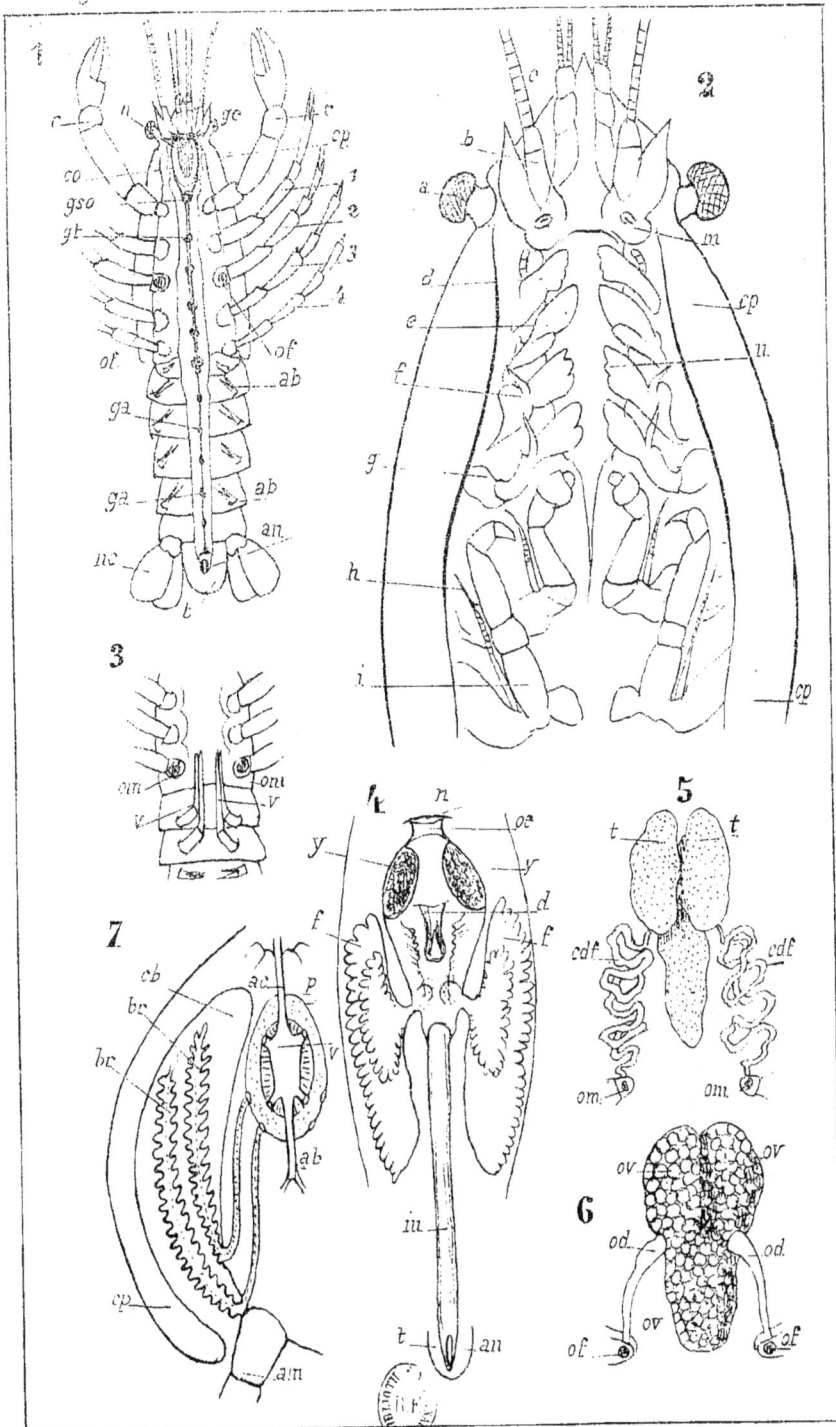

ÉCREVISSE

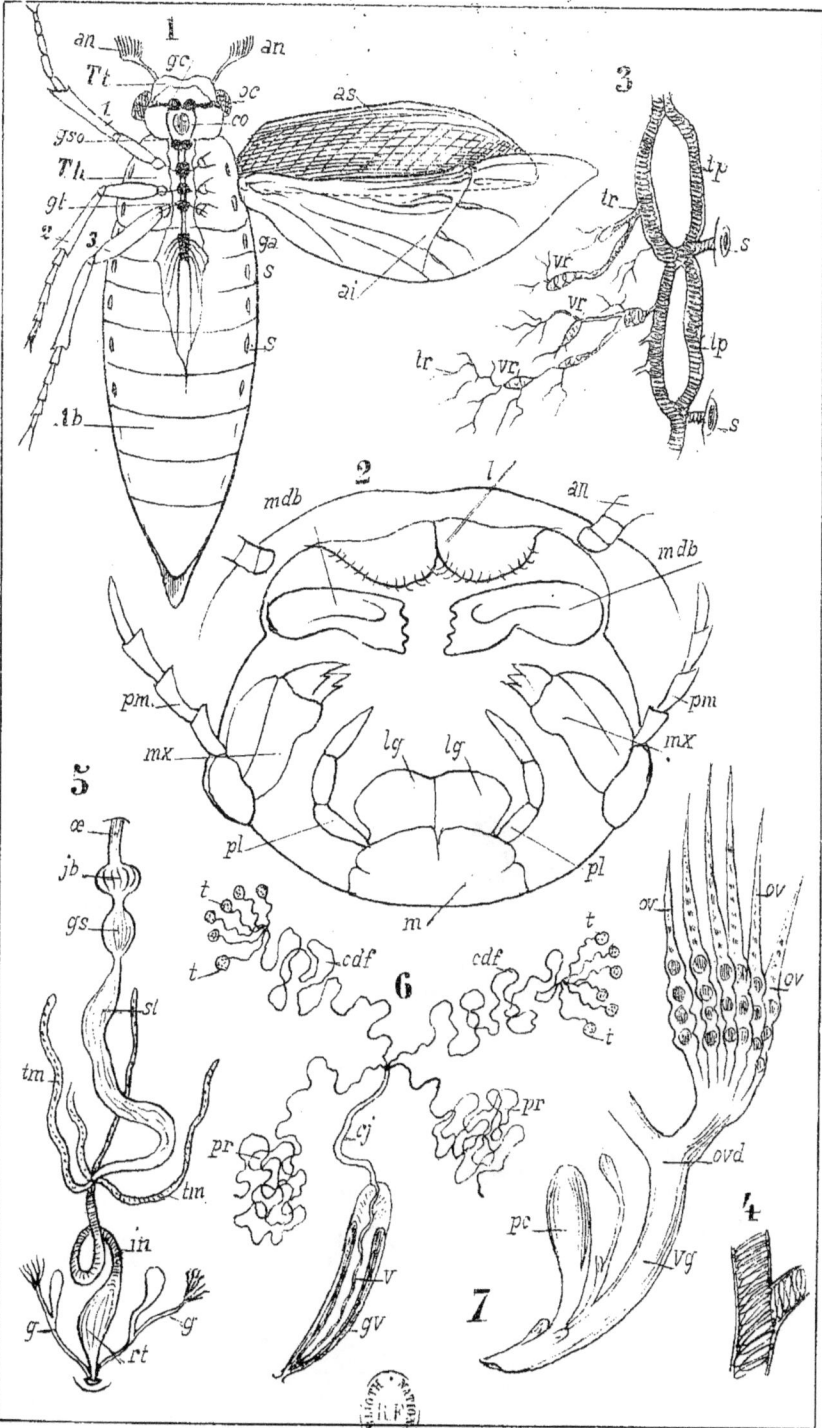

ANATOMIE DU HANNETON

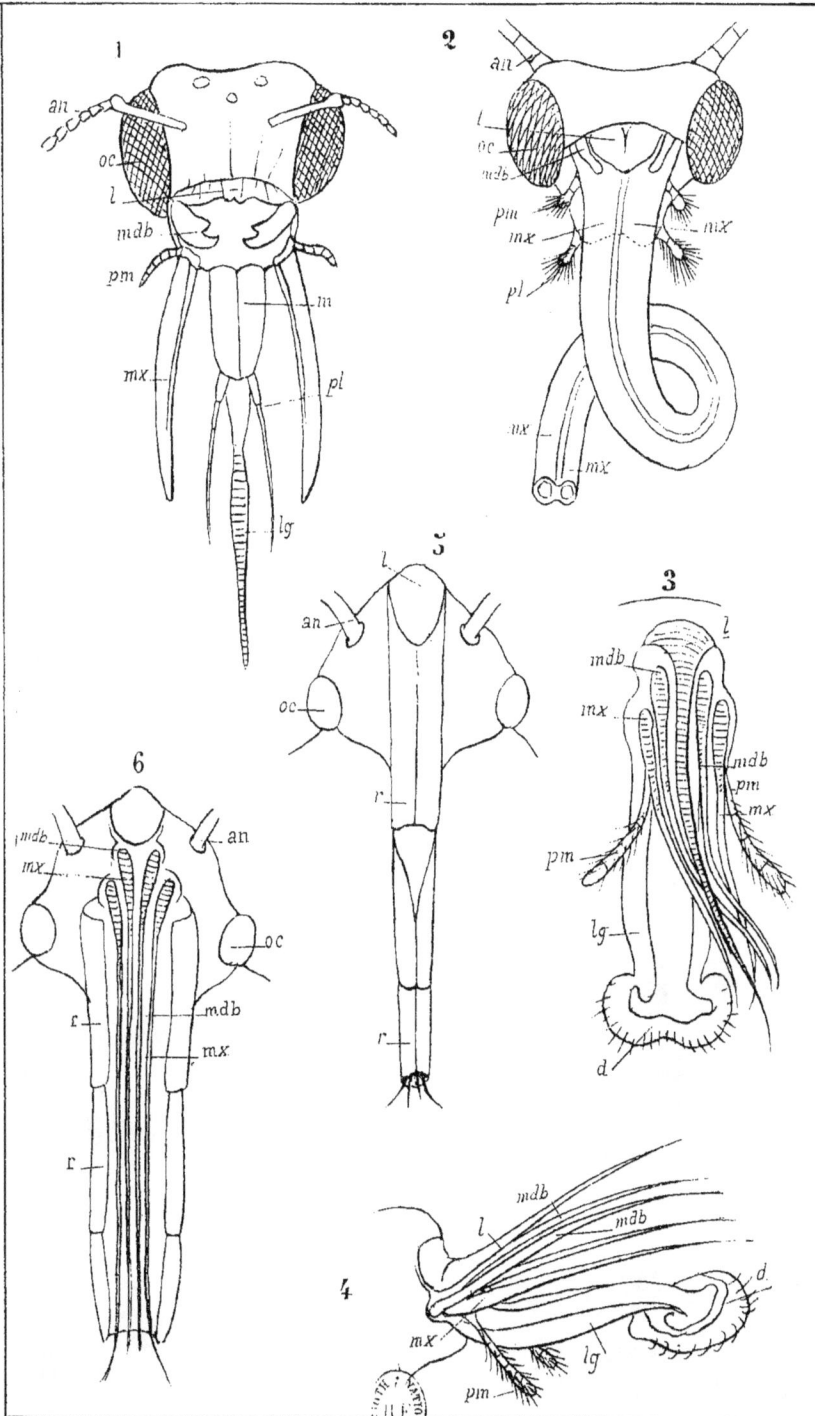

BOUCHE DES INSECTES

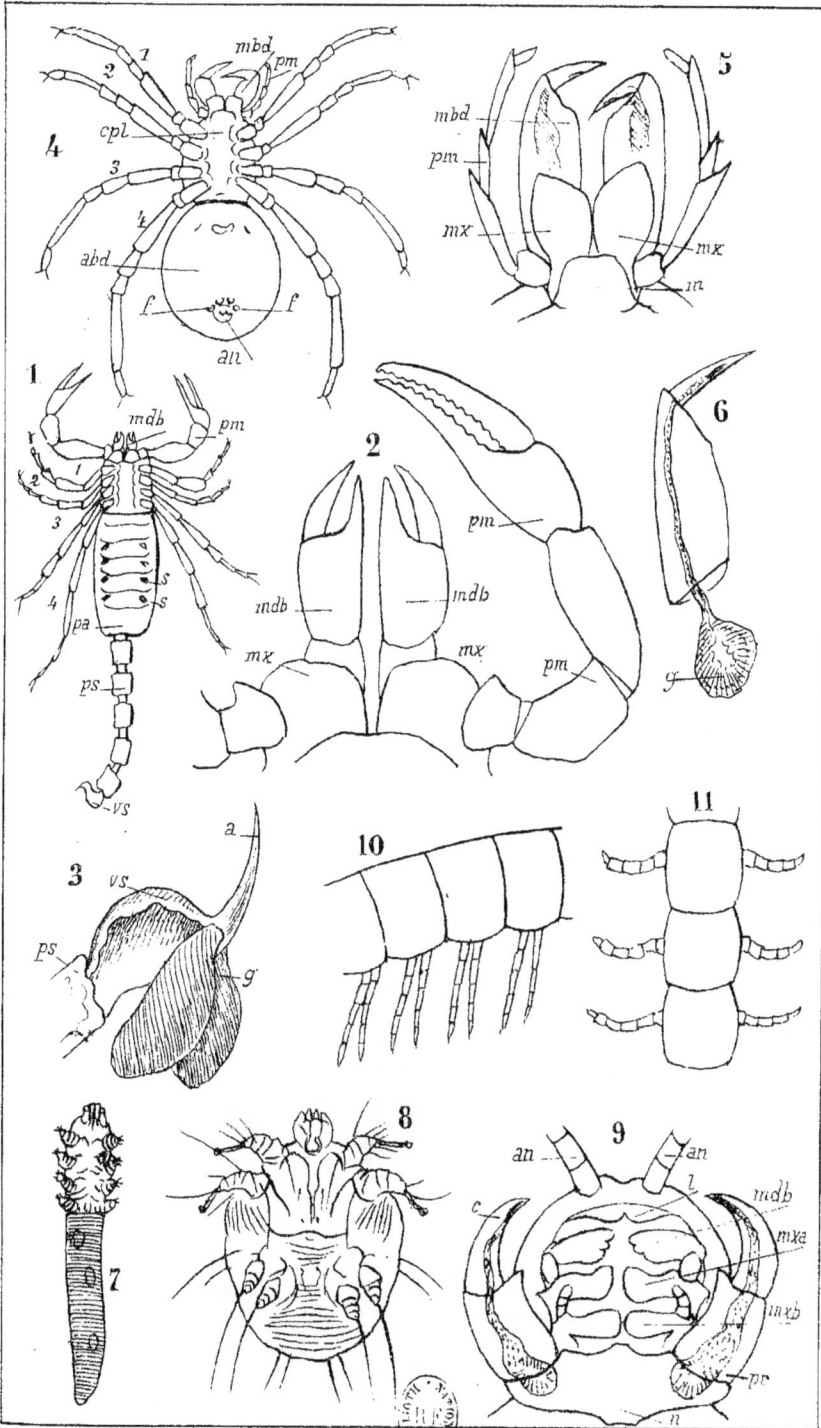

ARACHNIDES

QUATORZIÈME LEÇON

Les Mollusques.

Les Mollusques (Pl. XVII) s'opposent aux types précédents par la disposition du système nerveux (fig. 1) : les *ganglions céré-broïdes* gc, donnent *deux colliers* œsophagiens ca et cb, aboutissant, le premier, à des *ganglions pédieux* gp, qui commandent aux mouvements du pied ; le second, à des *ganglions viscéraux* gv, qui président aux fonctions des divers organes. Le tube digestif traverse ce double collier, puis décrit une courbe qui amène l'orifice anal an, sur la face ventrale, à peu de distance de l'orifice buccal b. Ce tube, enveloppé par un foie volumineux, traverse les glandes génitales qui, suivant les types, sont réunies sur un individu hermaphrodite, ou portées par deux individus distincts, mâle et femelle. L'ensemble de ces organes recouvert par le tégument constitue la *masse viscérale* V. Les Mollusques respirent par des branchies qui sont protégées par un repli du tégument qu'on nomme le *manteau* M, et ils utilisent pour progresser ou nager un appendice musculaire qu'on nomme le *pied* P. La classification des Mollusques est basée sur la forme et la disposition de ces parties (1) :

1. Dans les ACÉPHALES (fig. 2), le corps est symétrique, la *masse viscérale* v, est arrondie et continue, sans division permettant de considérer comme une tête la partie percée par la bouche b. De chaque côté de la masse viscérale se détachent, comme les deux lames de la couverture d'un livre, deux grands lobes qui forment le manteau m. La surface de ces lobes tapisse les deux *valves* d'une *coquille* calcaire externe cq. Entre les lobes et la masse viscérale, de chaque côté, descendent les branchies pectinées br, qui reçoivent le sang veineux et le ramènent, après l'oxygénation, dans un cœur artériel (deux oreillettes, un ventricule) qui le distribue dans les organes par des vaisseaux arborescents. Le pied allongé p, se détache de la ligne médiane de la masse viscérale.

A cette série appartiennent : l'Huître, la Moule, la Coquille Saint-Jacques *(Pecten)* et divers coquillages recherchés comme aliments légers.

(1) Voir in Manipulations de Zoologie, *loc. cit.* : l'anatomie de l'Anodonte, de l'Escargot et d Poulpe.

2. Dans les Gastéropodes (fig. 3), le corps est asymétrique ; la masse viscérale v, s'allonge et se contourne sur elle-même pour former le *tortillon*, déjeté sur une des faces de l'animal. Un sillon délimite une tête qui est percée par la bouche b, et porte des tentacules n. Le manteau m, recouvre le tortillon et forme une chambre où fait saillie la branchie asymétrique br ; il sécrète une coquille cq, plus ou moins spiralée qui protège ces parties. Dans les Gastéropodes terrestres, la branchie manque et le manteau devient une sorte de sac respiratoire appelé poumon (Pulmonés), comme c'est le cas de l'Escargot, des Lymnées et des Planorbes. Le pied disposé en longue semelle s'étale sous la face ventrale de la masse viscérale (gastéropode).

A côté des Gastéropodes marins, à coquilles remarquables par leurs formes si diverses, se place l'Escargot *(Helix pomatia)* qui constitue un aliment de choix et qui a été recherché contre les affections pulmonaires.

3. Dans les Céphalopodes (fig. 4), la symétrie du corps est manifeste et la tête se sépare de la façon la plus nette de la portion viscérale proprement dite. Ici, en effet, la tête qui porte deux gros yeux latéraux et une bouche b, armée d'un *bec* à deux mandibules, sert de support au *pied*. Celui-ci est découpé en huit (Octopodes : Poulpes) ou dix (Décapodes : Seiches) lanières ou pieds p, p, munis de *ventouses* v, qui servent à l'animal à saisir sa proie. Les ganglions nerveux sont enfermés dans une *capsule* cartilagineuse placée dans la tête. La masse viscérale porte un manteau m, en forme de sac, qui protège les branchies br, et qui, par ses contractions sert à la progression de l'animal. Ce manteau dépourvu chez les Poulpes de formation analogue à une coquille, forme, au contraire, chez les Seiches, dans son épaisseur, une lame cloisonnée ovale, calcaire, connue sous le nom d'*os de Seiche* os. Les Céphalopodes ont une glande , qui sécrète le *noir* ou *encre* dont ils se servent pour troubler l'eau quand on les poursuit ou pour atteindre leur proie.

Les Céphalopodes : poulpes, seiches, calmars, sont recherchés, au bord de la mer, comme un aliment agréable, mais la chair est coriace et lourde. On a vanté le noir et l'os de seiche ; ce dernier ne sert plus qu'aux serins qui aiment à se nettoyer le bec à leur contact.

Les **Tunicers** n'ont aucune application médicale.

QUINZIÈME LEÇON

Les Vertébrés.

Les Vertébrés s'opposent à tous les types que nous venons d'étudier, par la position de leur système nerveux qui est tout entier placé à la région dorsale du tube digestif. Entre le système nerveux et le tube digestif se montre un axe squelettique de nature conjonctive, la *chorde dorsale* qui forme seule le squelette des vertébrés inférieurs qui, de ce fait, sont dépourvus de crâne (Acraniens). Ailleurs, cette *chorde* s'entoure d'*anneaux cartilagineux* qui constituent des *corps vertébraux* superposés en colonne vertébrale. Ces corps peuvent émettre des prolongements, *lames* et *apophyses (épineuses, transverses, articulaires)* qui enveloppent le système nerveux et constituent des *vertèbres cartilagineuses*. L'incrustation du cartilage par les sels de chaux amène la formation de l'os qui caractérise les *vertèbres osseuses*.

La vertèbre complète (Pl. XVIII, fig. 1) est donc une bague dont le chaton arrondi (corps vertébral) contient la chorde dorsale, et dont l'anneau est formé par deux lames obliques réunies par une *apophyse épineuse;* c'est dans cet anneau que passe la moëlle épinière, d'où le nom d'*arc neural* donné à cet anneau dorsal. Le corps vertébral peut émettre d'autre part des *apophyses transverses* qui peuvent se prolonger par des côtes, et constituer un anneau viscéral, *arc viscéral*, qui soutient la paroi du corps et protège les organes profonds. Des *apophyses articulaires* peuvent relier les vertèbres entre elles. C'est sur cet axe que s'implantent les *ceintures scapulaire* et *pelvienne* qui portent, la première, le *membre supérieur* ou bras, la seconde, le *membre inférieur* ou *jambe*, plus ou moins différenciés, et passant des *nageoires* des poissons aux membres locomoteurs des mammifères.

L'homme peut être considéré comme le type des Vertébrés et son organisation, familière à tous ceux qui commencent les études médicales et pharmaceutiques, nous permettra de supposer connues les dispositions générales de son anatomie et de lui rapporter par comparaison, les caractères distinctifs des grandes classes des vertébrés.

I. Mammifères. — L'Homme, et les animaux qui lui ressemblent, forment la classe des *Mammifères,* avec les caractères suivants :

a, ils sont *vivipares; b*, portent des *mamelles; c*, le sang est *chaud,* à *globules*, presque toujours *circulaires*, la *température* du corps est *constante; d*, la respiration se fait par des poumons simples; *e*, la circulation est complète et le cœur a *quatre loges; f*, la peau est garnie de *poils; g*, les membres sont presque toujours organisés pour la marche ; *h*, l'embryon, retenu par l'utérus maternel, s'y fixe par un *placenta; i*, l'embryon est plongé dans le liquide amniotique, enfermé dans le sac de l'*amnios.*

II. Oiseaux.

— Les Oiseaux se rattachent aux mammifères par les caractères communs suivants : *Sang chaud et température constante, circulation complète, cœur à quatre cavités*; embryon dans un *amnios (amniote).*

Ils se distinguent des Mammifères et se rapprochent des *Reptiles* par les caractères communs suivants : *a*, ils sont *ovipares, ils n'ont pas de mamelles, le sang est à globules elliptiques;* l'embryon se développe dans *l'œuf, en dehors de l'animal.*

Leurs caractères propres se résument ainsi : La respiration se fait à l'aide de poumons, en rapport avec des *sacs aériens* qui communiquent avec la cavité des os longs. La peau est garnie de *plumes;* les membres antérieurs sont organisés pour le vol; constitution d'une *aile.*

III. Reptiles.

— Les Reptiles sont voisins des Oiseaux, pondant des œufs qui se développent de la même façon. Mais ce sont des animaux à *sang froid* et à température variable, leurs poumons sont simples, leur *circulation incomplète* se fait par un *cœur à trois cavités* (un seul ventricule); la peau est garnie d'*écailles*, les membres sont organisés pour la marche.

IV. Batraciens.

— Les Batraciens ont l'allure des Reptiles (Reptiles nus de Cuvier), mais ils se distinguent par leur mode de développement qui les rapproche des poissons. L'embryon n'est pas enfermé dans un amnios *(anamniotes);* il quitte l'œuf à l'état de *larve* munie de branchies, vit en *têtard* dans les eaux douces et, après des métamorphoses successives, devient l'adulte muni de poumons et adapté comme les reptiles à une vie terrestre.

V. Poissons.

— *Ovipares* et dépourvus de mamelles, les poissons ont le *sang froid*, à globules elliptiques. Les *branchies*, le cœur à *deux cavités*, placé sur le trajet veineux et permettant une circulation complète, le tégument garni d'*écailles* et l'organisation du corps et des membres pour la nage *(nageoires impaires, nageoires paires scapulaires et pelviennes)* caractérisent ce type qui ne se relie qu'aux batraciens par l'embryon qui est dépourvu d'*amnios (anamniotes).*

Si l'on se place au point de vue du développement embryonnaire, on peut donc opposer les *Amniotes* (Mammifères, Oiseaux, Reptiles) aux *Anamniotes* (Batraciens, Poissons). La présence de l'Amnios entraîne en général la présence d'un diverticulum intestinal de l'embryon, l'*allantoïde* qui se comporte de deux façons différentes. Dans le cas où l'œuf est expulsé (Oiseaux, Reptiles) avant le développement, l'allantoïde appliquée sous la coquille est respiratoire; dans le cas où l'œuf reste dans l'utérus (Mammifères), c'est l'allantoïde qui s'engrène dans la paroi utérine et constitue le *placenta*.

Ces cinq classes forment l'embranchement des **Craniotes**, car même dans les types les plus inférieurs des Poissons, un *crâne cartilagineux incomplet* protège le cerveau. A ces types s'oppose une seule forme, l'*Amphioxus lanceolatus* qui vit dans le sable des plages, dont le squelette est réduit à la *chorde dorsale* séparant du tube digestif un système nerveux *sans renflement céphalique*. L'Amphioxus forme à lui seul l'embranchement des **Acraniens**.

I. Classe des Mammifères.

La classification des Mammifères doit être connue dans ses traits généraux :

I. Dans la plupart des Mammifères, le développement complet de l'embryon se fait dans la matrice et le fœtus est expulsé avec le placenta qui lui permettait de puiser les aliments nécessaires à sa croissance. Ces mammifères sont dits *Monodelphes* ou placentaires.

II. Mais il y a des mammifères où l'embryon, dépourvu de placenta est expulsé à l'état d'ébauche, la mère le place alors dans une poche soutenue par les os marsupiaux, où il s'attache à une mamelle et termine son développement. Ce sont des *Didelphes*, aplacentaires ou marsupiaux. Les plus connus sont les Kaugourous et les Sarigues.

III. Enfin, dans deux espèces de mammifères d'Australie, l'Echidné et l'Ornithorhynque, l'œuf est pondu avant son développement, placé dans une poche marsupiale par l'Echidné, confié sans doute au sol et couvé par l'Ornithorhinque dépourvu de poche, et le jeune éclos se fixe aux mamelles. Le développement si voisin de celui des oiseaux a fait réunir ces espèces sous le nom d'*Ornithodelphes*.

Les Monodelphes ou placentaires se divisent en ordres nombreux :

I. *Placentaires aquatiques*, ayant une seule paire de membres et le corps pisciforme, avec nageoire terminale :

Ordre des Cétacés (Dauphin, Baleine).

II. *Placentaires terrestres* ayant quatre membres conformés pour la marche.

1. *Ongulés*. — Ayant les doigts terminés par un sabot rigide :
Une trompe et des défenses : *Ordre des Proboscidiens*
(Eléphants) ;
Doigts en nombre impair : *Ordre des Imparidigités*
(Tapir, Rhinocéros, Cheval (solipèdes) ;
Doigts en nombre pair : *Ordre des Paridigités*
Pachydermes (Porcs, Hippopotames) ;
Ruminants (Chameau, Girafe, Cerf,
Antilope, Mouton, Chèvre, Bœuf).

2. *Onguiculés.* — Ayant aux doigts flexibles des ongles effilés :

a. Pouce non opposable, pas de mains.

> Système dentaire incomplet : Pas d'incisives : *Ordre des Edentés* (Fourmiliers, Tatous).
>
> — Pas de canines ; des incisives et des molaires : *Ordre des Rongeurs* (Rats, Lièvres).
>
> Système dentaire complet : incisives, canines, molaires. — *Ordre des Carnassiers* (Chats, Ours, Phoques).

b. Pouce opposable, des mains. *Ordre des Primates* (Singes, Anthropoïdes, Hommes).

Parmi les Mammifères, les animaux domestiques nous fournissent les viandes de boucherie, les graisses et les huiles animales (huiles de pieds diverses), et le lait d'où nous retirons le beurre et le fromage.

Beaucoup d'espèces sauvages sont mangées comme gibier.

Les Cétacés ont une couche adipeuse, sous-cutanée très épaisse, d'où l'on extrait *l'huile de baleine.* La tête énorme du Cachalot contient dans de vastes cellules osseuses occipitales, une huile liquide qui laisse déposer par le refroidissement le *blanc de baleine* ou *spermaceti,* corps blanc, onctueux, qui entre dans la composition du cold-cream. L'intestin du même animal contient *l'ambre gris,* que l'on rencontre aussi flottant dans l'Océan pacifique. Cette substance, voisine de la cholestérine par sa composition, émet une odeur de musc qui la fait utiliser en parfumerie.

L'ambre gris était utilisé par l'ancienne médecine comme antispasmodique ; il en était de même de principes analogues fournis par d'autres espèces animales et connus sous les noms de musc, de viverréum, de castoreum et d'hyraceum.

Le *musc* est fourni par un petit ruminant, le Chevrotin portemusc *(Moschus moschiferus)* des montagnes de l'Asie centrale. Le mâle seul possède (Pl. XX. fig. 4) en avant de l'orifice pr, qui sert à la sortie de la verge v, une cavité s'ouvrant en or, remplie par le musc sm, à l'état semi-fluide. Le musc est expédié *en vessies,* c'est-à-dire dans le sac enlevé à l'animal avec le poil du tégument ; le musc *hors vessie* est moins estimé, à cause des falsifications faciles. Il vient de Nankin, du Tonkin, du Bengale, du Yun-nan, de la Sibérie (M. Kabardin).

Le *Viverreum,* voisin du musc, est fourni par des carnassiers, les Civettes. La Civette (*Viverra Civetta*) de l'Afrique, le Zibeth

(V. Zibetha) de l'Inde, la Rasse *(V. Indica)* des îles indiennes, et le Lisang *(V. Gracilis)* de Java sont élevés en captivité pour l'exploitation de leur produit. Le produit se rencontre dans les deux sexes (fig. 5) enfermé dans une poche p, où il est versé par deux glandes latérales gl, gl. Cette poche s'ouvre entre l'anus an, et l'orifice génital v.

Le *Castoreum* est produit par le Castor *(Castor fiber)*, de l'ordre des Rongeurs. Il se trouve (fig. 4) dans deux réservoirs glandulaires rg, qui s'ouvrent chez le mâle or, dans le prépuce de la verge pr. On retrouve chez la femelle des glandes analogues mais trop petites pour l'exploitation. Le castoreum arrive du Canada et de la Sibérie enveloppé dans la paroi vasculaire, desséchée, des deux réservoirs encore réunis par leurs extrémités effilées. Le Castor qui habitait autrefois la France est relégué dans le nord de l'Amérique et de la Sibérie.

L'*Hyraceum* que l'on ramasse dans les anfractuosités des rochers serait l'excrément du Daman du Cap.

Classe des Oiseaux.

Les Oiseaux fournissent à l'alimentation des viandes agréables et légères, qu'il s'agisse d'espèces domestiques, engraissées pour la cuisine (poule, dinde, oie), ou d'espèces sauvages tuées comme gibier. Les œufs crus ou cuits représentent un aliment complet des plus utiles pour le médecin, et le blanc de l'œuf (albumine) entre dans des préparations pharmaceutiques diverses. Les nids de Salanganes sont fort prisés des Chinois et c'est aux oiseaux qu'il faut rapporter les amas d'excréments qui sont exploités, sous le nom de *guano*, sur divers points du globe.

Les oiseaux ont été divisés en *palmipèdes, échassiers, gallinacés, grimpeurs, passereaux, rapaces* et *coureurs.*

Classe des Reptiles.

On range dans les Reptiles : les Crocodiliens (crocodiles et caïmans), les Cheloniens (tortues), les Sauriens (lézards), les Ophidiens (serpents).

Ces derniers seuls nous intéressent par l'étude des serpents venimeux. Duménil et Bibroy ont opposé les serpents non venimeux, sous le nom d'*Aglypthodontes* aux serpents venimeux *Glypthodontes.*

Les *Aglypthodontes* comprennent les boas et les couleuvres. Les boas sont de gigantesques serpents américains caractérisés par une ligne médiane ventrale de plaques écailleuses d'une seule pièce. Dans les pythons, qui sont les boas de l'Asie et de l'Afrique, les plaques de la ligne médiane ventrale sont disposées par paires. Ce caractère se retrouve dans nos couleuvres : couleuvre à collier, couleuvre vipérine.

Les *Glypthodontes* ont ordinairement deux dents maxilliaires transformées en crochets et percées pour recevoir le venin qu'elles déposent dans la piqûre. Deux glandes à venin produisent le liquide dont l'énergie varie suivant les espèces. Les glyphodontès à crochets sont dits *Solénoglyphes;* ce sont les crotales ou serpents à sonnette communs aux États-Unis, le trigonocéphale (bothrops) ou vipère fer de lance qui habite la Martinique et les îles voisines; les vipères *(vipera aspis — vipera berus — vipera ammodytes)* qui sont fréquentes en France; le céraste ou vipère cornue qui habite le nord de l'Afrique. Si les dents sont simplement *canaliculées* sans devenir de vrais crochets, elles occupent d'ordinaire le devant de la bouche : *Protéroglyphes.* A cette série appartiennent les Najas ou serpents à lunettes que les jongleurs indiens savent dresser à exécuter, au son de la flûte, un balancement cadencé, et l'aspic de Cléopâtre des anciens Egyptiens.

Dans quelques serpents dits *Opistoglyphes,* les dents *canaliculées* sont situées au fond de la bouche.

Les serpents venimeux indigènes sont les vipères (1). Le venin contient l'*échidnine,* albuminoïde analogue aux ferments solubles; l'introduction sous la peau produit la tuméfaction et l'engorgement phlegmoneux de la région blessée; on observe en même temps des phénomènes généraux : vomissements, tendance à la syncope. Les morsures de vipères ont toujours cédé en quelques jours aux injections sous-cutanées de permanganate de potasse.

Classe des Batraciens.

La Grenouille est le seul batracien utilisé pour l'alimentation. La grenouille est un *Anoure,* c'est-à-dire un batracien sans queue; les batraciens munis de queue, comme les Salamandres, sont des *Urodèles.*

Classe des Poissons.

La classe des poissons peut se diviser de la façon suivante :

I. Sacs branchiaux s'ouvrant par plusieurs orifices.
- Mâchoires soudées en un cercle immobile. *Cyclostomes* (Lamproie).
- Mâchoire inférieure mobile. *Sélaciens* (Requin, Raie).

II. Branchies libres, un seul orifice sous l'opercule.
- Squelette en partie cartilagineux. *Ganoïdes* (Esturgeons).
- Squelette osseux. *Téléostéens* (poissons osseux).

Beaucoup de poissons de mer et des eaux douces donnent à l'alimentation une chair succulente, légère, parfumée, facilement

(1) La question des vipères a été résumée dans : D. P. Girod. Les vipères, traitement de leurs morsures. — Chez J. B. Baillière et fils, Paris, 1890.

supportée par les estomacs débiles. On vante l'action stimulante des préparations faites avec la chair des poissons. Cependant certains poissons sont toxiques et les expériences de Remy localisent dans les organes génitaux le principe qui occasionne l'empoisonnement. C'est surtout dans les mers du Japon que de nombreuses espèces de Diodons et de Tetrodons, désignés sous le nom de *fougous* produisent des accidents graves.

La colle de poisson ou *Ichthyocolle* est retirée de la vessie natatoire de l'Esturgeon, des Silures et des Polynèmes. Seule l'*Ichthyocolle de Russie* provient de l'Esturgeon, les ichthyocolles de l'Inde, de Chine, de Cayenne sont fournies par des poissons très différents. Les vessies natatoires fendues sont lavées, débarrassées de leur muqueuse et desséchées sous pression; elles sont expédiées en paquets de 10 à 15 feuilles.

Les huiles de foie de poisson jouissent d'une réputation méritée. L'huile de *foie de morue* est la plus répandue. Les foies sains, bien frais, comprimés avec soin, donnent une *huile blanche*, peu odorante, sans goût exagéré; mais on utilise pour l'extraction, des foies souvent altérés et l'on fait intervenir la pression plus forte et même la chaleur pour obtenir le produit; les *huiles blondes*, *brunes*, *noires*, sont des qualités de plus en plus inférieures.

L'huile de foie de raie et de requin est très voisine de la précédente.

Planche XVIII, fig. 1. — Caractères de la Vertèbre. Le corps cp, enveloppe la chorde dorsale cd. Le système nerveux n, est compris dans l'arc neural fermé par l'apophyse épineuse ep. Les apophyses transverses tr, prolongées par les côtes c, forment l'arc viscéral av.

Fig. 2. — Disposition d'un embryon d'*Anamniote* (poissons et batraciens): l'embryon em, est nu, sous la coque de l'œuf ch, et porte ventralement la vésicule ombilicale vo.

Fig. 3. — Embryon d'*Amniote*. L'embryon em, est placé dans la cavité amniotique limitée par l'amnios am. L'embryon porte la vésicule ombilicale vo, et l'allantoïde al. L'allantoïde est simplement respiratoire (reptiles, oiseaux).

Fig. 4. — Embryon de *Vertébré placentaire*. L'embryon em, enveloppé par l'amnios am, porte comme précédemment la vésicule ombilicale vo, et l'allantoïde al, mais l'allantoïde pousse des papilles qui s'engrènent dans la paroi utérine et forment avec elle le placenta pl.

Fig. 5. — Tête de poisson montrant l'opercule op.

Fig. 6. — Opercule soulevé montrant les branchies br.

Fig. 7. — Extérieur du poisson: disposition des nageoires impaires, dorsales d, d, caudales c, anale an; et des nageoires paires: pectorales pc (bras), pelviennes pv (jambes).

Fig. 8. — Circulation complète du Poisson. Le cœur: oreillette or, ventricule v, bulbe b, jette le sang dans les branchies br. Le sang vivifié passe dans l'aorte ao, traverse les capillaires cp, et revient à l'oreillette par les veines v.

Planche XIX, fig. 1. — Tête de la Couleuvre à collier. — 2. Tête de la Péliade *(Vipera berus)*. — 3. Tête de l'Aspic *(Vipera aspis)*. — 4. Squelette de la tête d'un ophidien à crochets.

Fig. 5. — Aile de l'oiseau, rémiges primaires rm' et secondaires rm', tectrices tc. — Fig. 6. Tête de l'oiseau. — Fig. 7. Squelette de l'aile, humerus, hm, bras: radius et cubitus rd, cb, carpe cp, métacarpe mtc, phalanges, pa, pb. — Coracoïde cor, fourchette fr, scapulum sc, — le sternum st, avec

bréchet br. — Fig. 8. Jambe de l'oiseau : fémur fe, tibia tb, péroné réduit pr,
canon tm, doigts d, d.

Planche XX. — 1. Circulation des Reptiles. Cœur à trois cavités : ventricule unique v, deux oreillettes oa et ob. Le sang vivifié qui revient du poumon par la veine pulmonaire vp, et destiné aux aortes ao, se rencontre dans
le ventricule avec le sang veineux ramené par les veines caves vc, et porté
au poumon par l'artère pulmonaire ap ; il y a mélange des deux sangs et circulation incomplète.
2. Circulation complète des Oiseaux et des Mammifères ; mêmes lettres, la
division du ventricule unique en deux ventricules va et vb, assure l'indépendance de la grande circulation et de la circulation pulmonaire dite petite
circulation.
3-4-5. Organes sécréteurs du Musc, du Castoreum, du Viverreum ; voir le texte
pour les lettres.

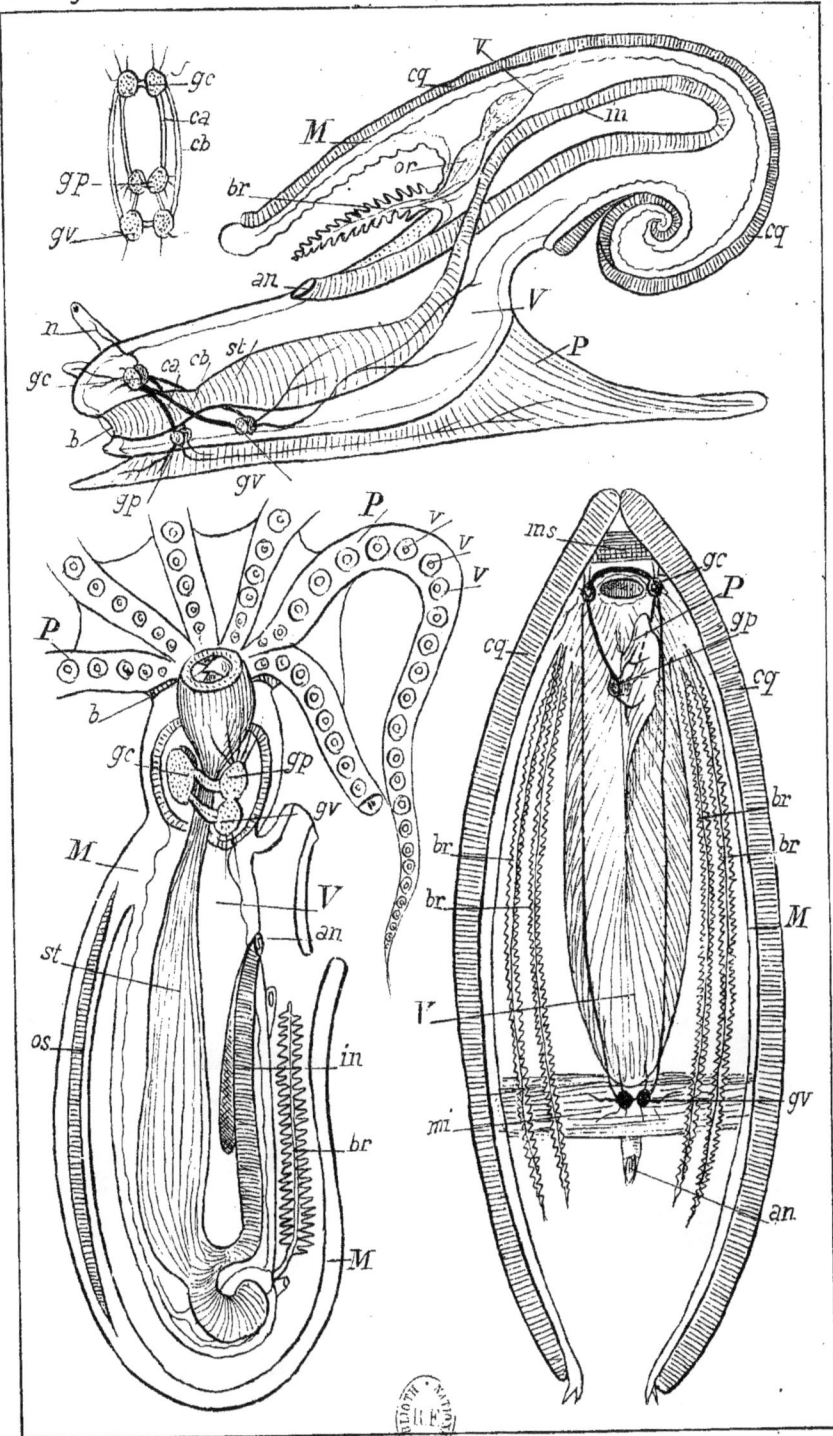

MOLLUSQUES

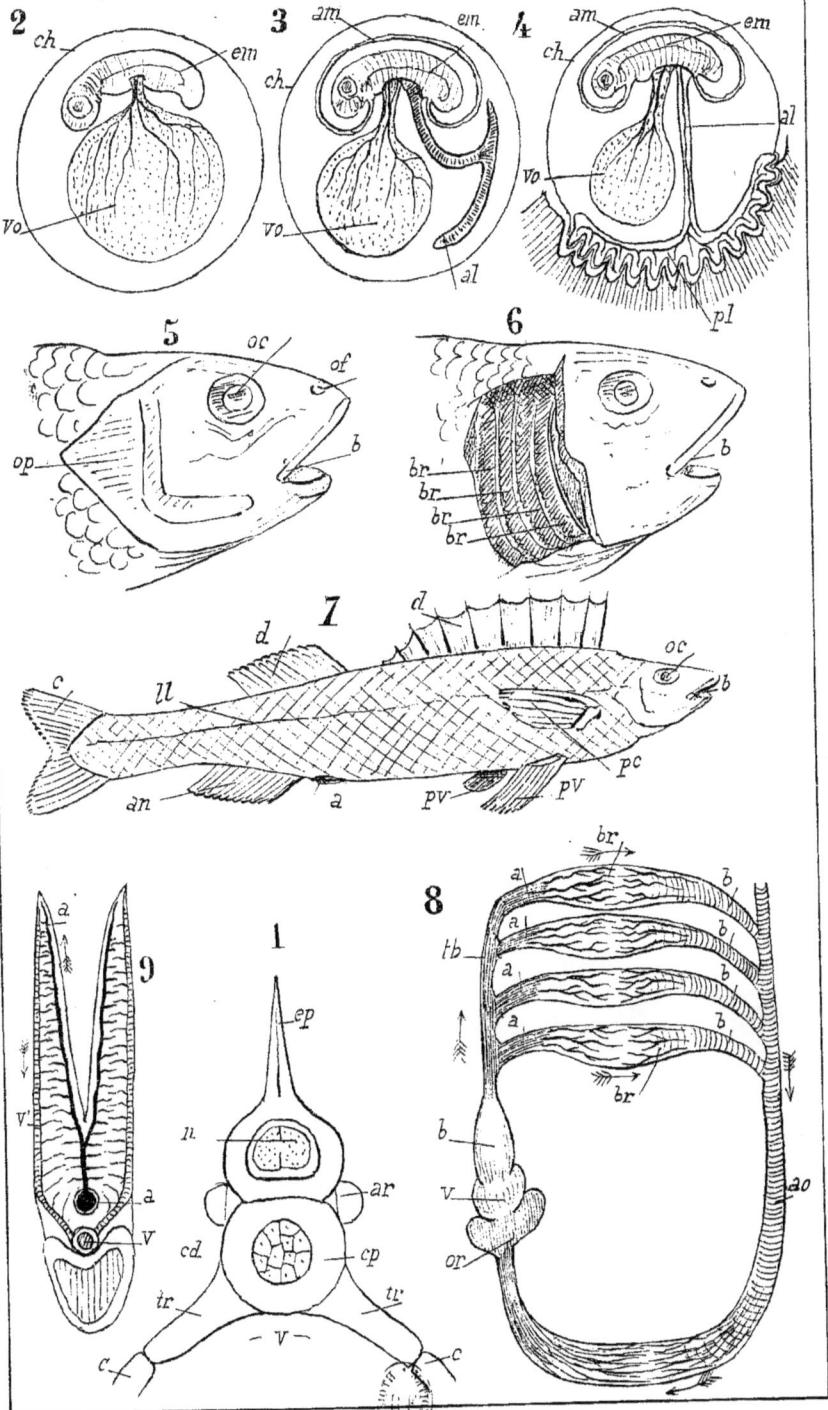

POISSONS

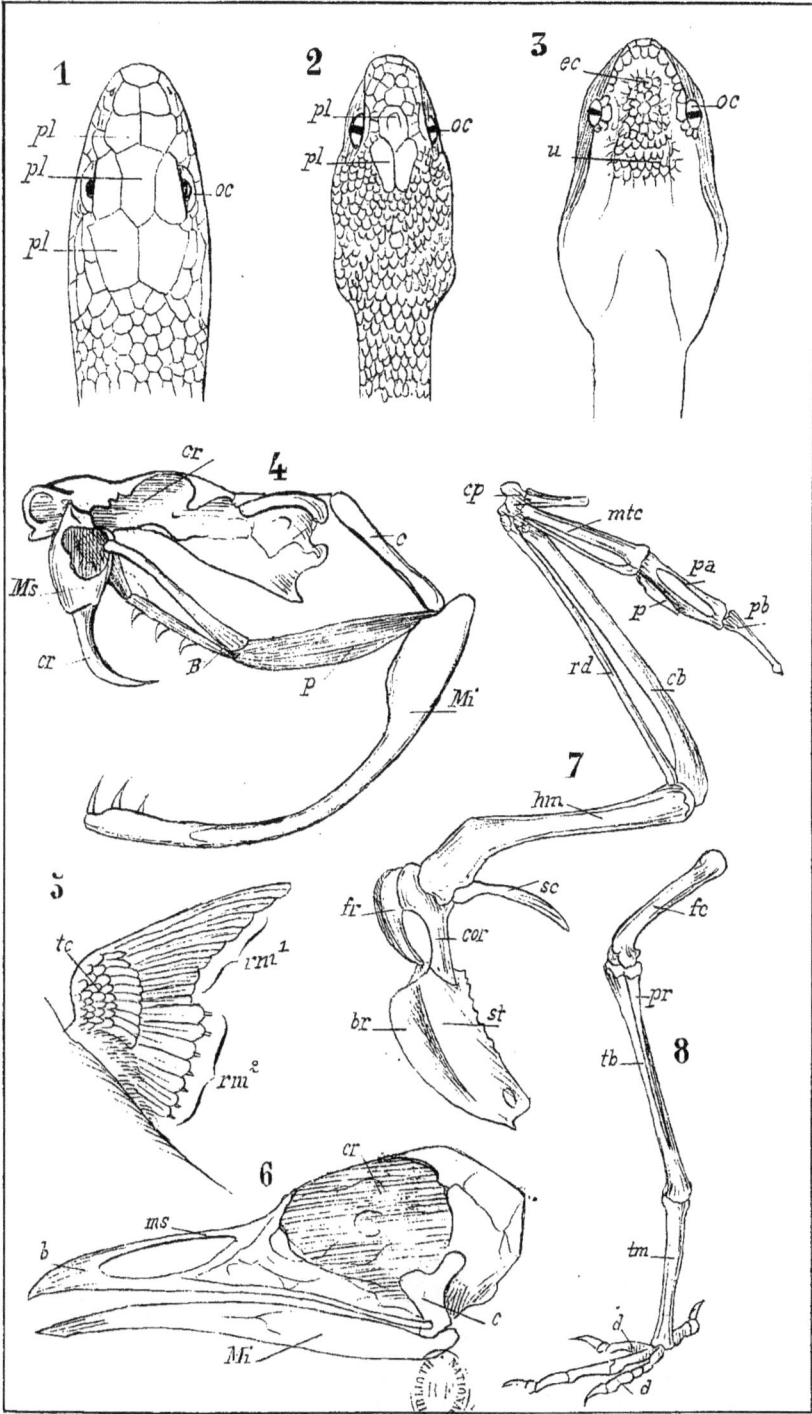

REPTILES-OISEAUX

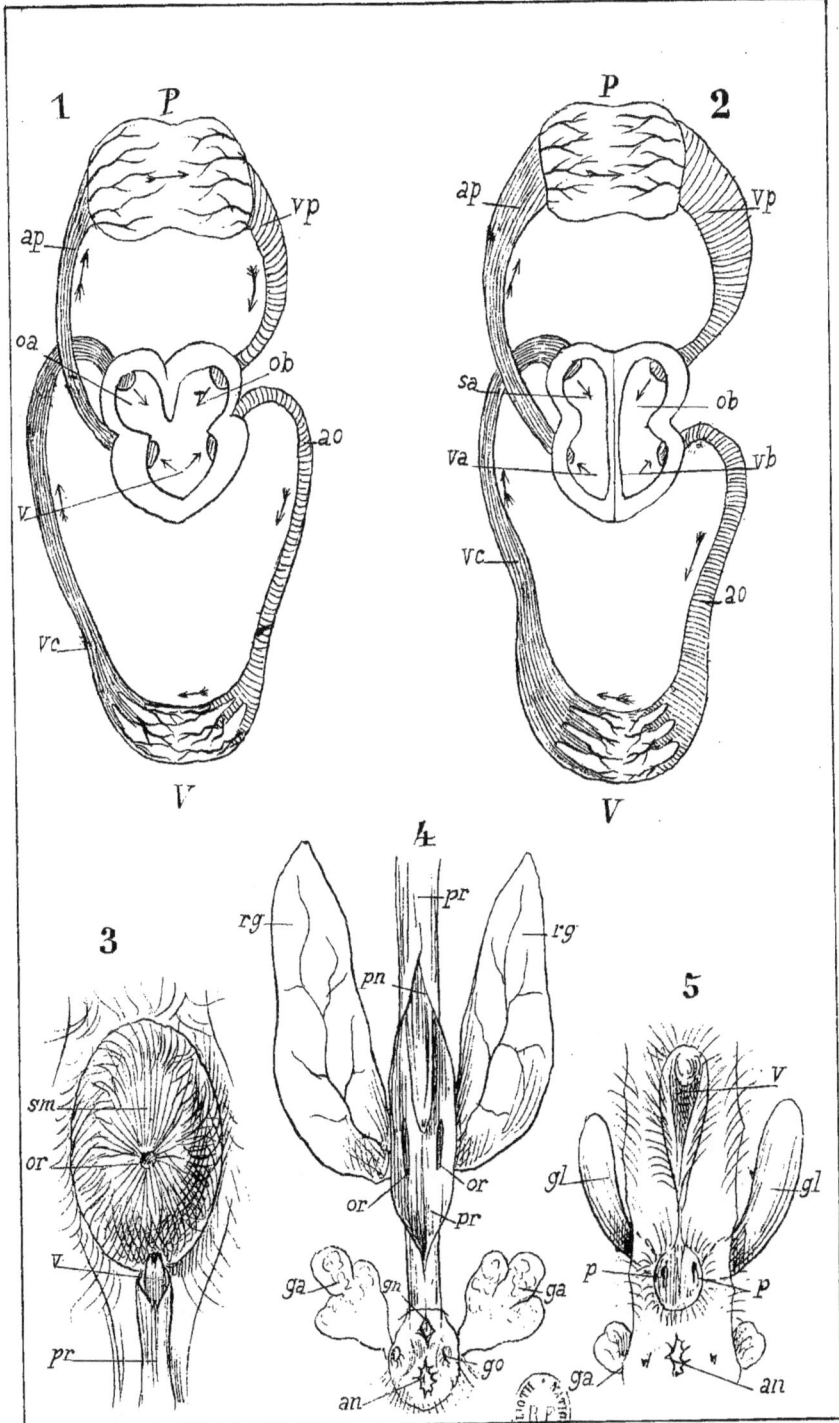

MAMMIFÈRES

TABLE DES MATIÈRES

Première leçon. **La Cellule et les Animaux unicellulaires.**   1

LES PROTOZOAIRES

    I. Classe des Monères.   2
    II. Classe des Amibes.   2
    III. Classe des Sporozoaires.   3
    IV. Classe des Infusoires.   5

Deuxième leçon. **Les Animaux pluricellulaires.**   7

LES MÉTAZOAIRES

    1. *Caractères généraux.*   7
    2. *Œuf, fécondation, développement.*   8
    3. *Classification des Métazoaires.*   11

Troisième leçon.   LES ANIMAUX RADIÉS.

    I. Les Cœlentérés.

    II. Les Échinodermes.   16

Quatrième leçon.   LES ANIMAUX ANNELÉS.

    I. Les Vers.   17

    I. Classe des Trématodes.   17
    Les Distomiens.   17

Cinquième leçon.   **II. Classe des Cestodes.**   22
    1. *Les Tœnias.*   22
Sixième leçon.   2. *Les Botriocéphales.*   30

Septième leçon.   **III. Classe des Nématodes.**   33
    1. *Les Ascarides.*   36
Huitième leçon.   2. *Les Strongylides.*   37
    3. *Les Trichotrachélides.*   39
Neuvième leçon.   4. *Les Filarides.*   42
    5. *Les Anguillulides.*   45
Dixième leçon.   **IV. Classe des Annélides.**   46
    Les Hirudinées.   46

Onzième leçon.   **II. Les Arthropodes.**   49

    I. Classe des Crustacés.   50
Douzième leçon.   **II. Classe des Insectes.**   52

1. *Les Coléoptères.*   55
2. *Les Orthoptères.*   56
3. *Les Névroptères.*   56
4. *Les Hyménoptères.*   56
5. *Les Lépidoptères.*   59
6. *Les Hémiptères.*   59
7. *Les Diptères.*   60

Treizième leçon.   **III. Classe des Arachnides.**   62
    IV. Classe des Myriapodes.   64

Quatorzième leçon.   LES MOLLUSQUES.   65

Quinzième leçon.   LES VERTÉBRÉS.   67

A. Craniotes.   67

I. Classe des Mammifères.   67
II. Classe des Oiseaux.   68
III. Classe des Reptiles.   68
IV. Classe des Batraciens.   68
V. Classe des Poissons.   68

B. Acraniens.   69

TABLE DES PLANCHES

PLANCHE   I. — Protozoaires.
—   II. — Développement de l'œuf.
—   III. — Types de Cuvier.
—   IV. — Radiés : Cœlentérés, Echinodermes.
—   V. — Trématodes : *Distomum hepaticum.*
—   VI. — Cestodes : *Tænia saginata, Tænia solium.*
—   VII. — Cestodes : *Tænia echinococcus.* — *Botriocéphalus latus.*
—   VIII. — Trématodes et Cestodes divers.
—   IX. — Nématodes : *Ascaris, Oxyure.*
—   X. — Nématodes : *Strongle, Ankylostome, Tricocéphale, Trichine.*
—   XI. — Nématodes : *Filaire, Anguillule.*
—   XII. — Annélides : *Sangsue.*
—   XIII. — Crustacés : *Écrevisse.*
—   XIV. — Insectes *Anatomie du Hanneton.*
—   XV. — Insectes : *Bouche des Insectes.*
—   XVI. — Arachnides : *Araignées, Scorpions, Acariens.*
—   XVII. — Mollusques : *Acéphale, Gasteropode, Céphalopode.*
—   XVIII. — Développement des Vertébrés. Poissons.
—   XIX. — Reptiles, Oiseaux.
—   XX. — Mammifères.

Clermont-Ferrand. — Typographie Mont-Louis, rue Barbançon, 3.

Librairie J.-B. BAILLIÈRE et fils

BLANCHARD (R.). **Traité de zoologie médicale,** par R. BLANCHARD, professeur agrégé à la Faculté de médecine de Paris. 1889, 2 vol. in-8 de 800 p. avec 650 fig.. 30 fr.

BONNIER (G.). **Les plantes des champs et des bois.** Excursions botaniques — Printemps, été, automne, hiver. — par G. BONNIER, professeur à la Faculté des sciences de Paris. 1887, 1 vol. in-8, avec 873 fig. dans le texte et 30 pl. dont 8 en couleur.................................. 24 fr.
Cartonné... 26 fr.

BREHM (A.-E.). **Les merveilles de la nature, l'homme et les animaux.** Description populaire des races humaines et du règne animal. 10 vol. gr. in-8, avec 6,000 fig. et 200 pl.................... 110 fr.
Les Races humaines, 1 vol. — *Les Mammifères,* 2 vol. — *Les Oiseaux,* 2 vol. — *Les Reptiles et les Batraciens,* 1 vol. — *Les Poissons et les Crustacés,* 1 vol. — *Les Insectes, les Arachnides, les Myriapodes,* 3 vol. — *Les Vers, Mollusques, Zoophytes,* 1 vol.
Chaque volume broché.. 11 fr.
Relié en demi-marcquin, doré sur tranches........................... 16 fr.

CAUVET. **Nouveaux éléments d'histoire naturelle médicale.** 3e *édition,* 1885, 2 vol. in-18 jésus de 600 pages, avec 824 figures.. 12 fr.
    Cours élémentaire de botanique.
I. *Anatomie et physiologie végétales, paléontologie, géographie,* 1885, 1 vol. in-18, 315 pages, avec 404 fig................................... 4 fr.
II. *Les familles végétales,* 1885, 1 vol. in-18, 500 p., avec 300 fig..... 8 fr.
    Le même : Cartonné en 1 seul vol. comprenant les deux parties........... 10 fr.

DAVAINE (C.). **Traité des Entozoaires et des maladies vermineuses,** chez l'homme et chez les animaux domestiques, 2e *édition,* 1877, 1 vol. in-8 de 1,000 p.. 14 fr.

DUCHARTRE. Eléments de botanique, comprenant l'organographie, la physiologie des plantes, les familles naturelles et la géographie botanique, par P. DUCHARTRE, membre de l'Institut, 3e *édition,* 1884, 1 vol. in-8 de 1,272 p. avec 572 fig., cart.. 20 fr.

HERAIL et BONNET. Manipulations de botanique médicale et pharmaceutique. Iconographie histologique des plantes médicinales. Préface par le professeur G. PLANCHON. 1891, 1 vol. gr. in-8 de 320 p. avec 223 fig. et 36 planches coloriées, cartonné..................... 20 fr.

HUXLEY. Les sciences naturelles et l'éducation, par TH. HUXLEY, membre de la Société royale de Londres. 1 volume in-16 de 320 pages.. 3 fr. 50.

JAMMES (L.). **Manuel de l'étudiant en pharmacie.** Aide-mémoire de botanique pharmaceutique pour la préparation du deuxième examen. Paris, 1892, 1 vol. in-16, 288 p. avec fig., cartonné................ 3 fr.

MOQUIN-TANDON. Eléments de botanique médicale, contenant la description des végétaux utiles à la médecine et des espèces nuisibles à l'homme, vénéneuses ou parasites, 3e *édition.* 1875, 1 vol. in-18 jésus, avec 128 fig... 6 fr.

MOTTET (P.). **Nouvel essai d'une thérapeutique indigène,** ou Etudes analytiques et comparatives de phytologie médicale indigène et de phytologie médicale exotique, etc. Paris, 1852, 1 volume in-8 de 800 pages (8 fr.).. 1 fr. 50.

SICARD (H.). **Eléments de zoologie,** par H. SICARD, prof. à la Faculté des sciences de Lyon. 1883, 1 vol. in-8, 842 p., 768 fig., cart.... 20 fr.

VERLOT (B). **Guide du botaniste herborisant.** Conseil sur la récolte des plantes, la préparation des herbiers, l'exploration des stations des plantes phanérogames et cryptogames et les herborisations aux environs de Paris, dans les Ardennes, la Bourgogne, la Provence, le Languedoc, les Pyrénées, les Alpes, l'Auvergne, les Vosges, au bord de la Manche, de l'Océan, de la mer Méditerranée. 3e *édition,* 1886, 1 vol. in-18, de 764 p. avec fig., cart........ 6 fr.

Clermont-Ferrand, typographie et lithographie G. Mont-Louis, rue Berbençon, 2.

www.ingramcontent.com/pod-product-compliance
Lightning Source LLC
Chambersburg PA
CBHW071202200326
41519CB00018B/5326